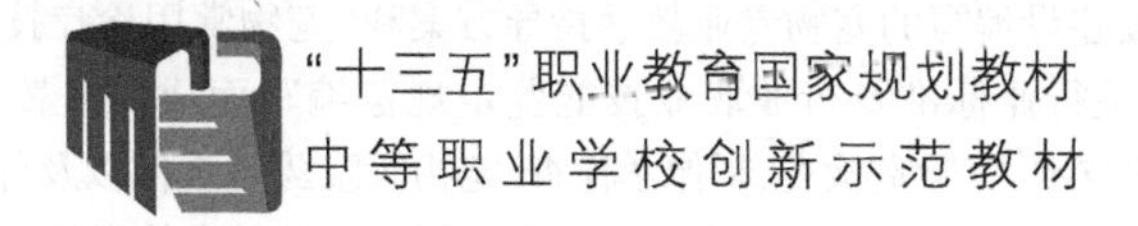

宠物常用诊疗技术

董　璐　主编

中国林业出版社
CFPH China Forestry Publishing House

内容简介

本教材是北京市园林学校国家改革示范校建设的系列教材之一，教材编写依据北京市园林学校国家改革示范校建设编写的宠物专业教学指导方案和“宠物常用诊疗技术”课程标准，并参照国家相关法规、相关行业标准及行业职业技能鉴定规范编写而成。本教材内容共有5个单元，分别是：常用诊疗技术、实验室检查、影像学检查、宠物医院药房工作以及外科手术。每个单元配有单元导读、单元目标及考核内容。全书图文并茂，通俗易懂，具有较强的实用性和可操作性。

本教材可作为中等职业学校宠物相关专业的教材，也可作为宠物医师助理培训教材以及宠物相关行业从业者的参考书。

图书在版编目(CIP)数据

宠物常用诊疗技术 / 董璐主编. —北京 ：中国林业出版社，2019.10(2022.8重印)
“十三五”职业教育国家规划教材 中等职业学校创新示范教材
ISBN 978-7-5038-8220-3

Ⅰ.①宠… Ⅱ.①董… Ⅲ.①宠物－动物疾病－诊疗－中等专业学校－教材
Ⅳ.①S865.3

中国版本图书馆CIP数据核字(2015)第250158号

宠物常用诊疗技术
董璐 主编

策划编辑 吴卉 田苗
责任编辑 丰帆
出版发行 中国林业出版社
邮编：100009
地址：北京市西城区德内大街刘海胡同7号
电话：010－83143558
邮箱：jiaocaipublic@163.com
网址：http://www.forestry.gov.cn/lycb.html
经　销 新华书店
印　刷 北京中科印刷有限公司
版　次 2019年10月第1版
印　次 2022年8月第2次印刷
开　本 710mm×1000mm 1/16
印　张 15
字　数 264千字
定　价 59.00元

《宠物常用诊疗技术》
编写人员

主　　编： 董　璐

副 主 编： 杨　艳

编写人员： (按姓氏拼音排序)

鲍恺威(北京观赏动物医院)
陈萌萌(美联众合玲珑路动物医院)
董　璐(北京市园林学校)
李畅达(美联众合京西动物医院)
马杨洋(北京市园林学校)
杨　艳(北京市园林学校)

前　言

“宠物常用诊疗技术”是根据宠物养护与经营专业中等职业学校学生就业岗位的典型职业活动直接转化而来的专业核心课程，是北京市园林学校国家改革示范校建设的系列教材之一。

本教材编写依据宠物专业和目前中等职业学校学生的认知特点，结合宠物专业的培养目标，兼顾知识性和应用性，按照理论知识“够用”和技能“先进、实用”的原则确定教学内容。在编写过程中突出“学中做”和“做中学”的理念，突出对学生基本职业能力的培养。

本教材按单元、任务模式编写，共分 5 个单元 25 个任务。每个单元设有单元导读、单元目标及考核内容及标准等，每个任务设有任务描述、任务目标、任务流程、知识链接、考核评分等。同一单元中做到过程相同、任务不同、侧重点不同，做到主题明确、逻辑清晰、结构完整。

本教材以协助宠物医生完成医院临床工作任务为主线，将行业标准有机地融入教材内容中，体现了职业性，突出了技能性。

本教材通过知识链接呈现理论知识，通过过程描述与配图呈现过程性知识，通过操作技巧呈现隐性知识，体现出本教材的可读性和可操作性较强的特点。

本教材由从事中等职业教育教学改革的一线教师和富有多年宠物临床工作经验的宠物医院一线工作人员编写。董璐为主编，杨艳为副主编，鲍恺威、李畅达、陈萌萌、马杨洋参加编写。部分图片由美联众合动物医院、北京观赏动物医院提供。

由于编者的经验和水平有限，书中不足之处在所难免，恳请广大读者和同行批评指正。

目　录

单元一
常用诊疗技术

一、单元介绍

在宠物的饲养管理与疾病防治过程中，常需要进行驱虫、免疫、输液、外伤处理等操作，这些常用诊疗技术是宠物医师助理必须掌握的专业技能。本单元突出实际操作，同时兼顾理论学习，以满足宠物医师助理对于相关职业技能以及专业知识的需要。

二、单元目标

知识目标：熟悉穿刺术及包扎外固定的操作方法，掌握动物驱虫、免疫、动物给药方法、动物导尿技术、动物灌肠法、输液疗法中埋留置针及输液泵的使用方法、安置鼻饲管等常用治疗技术的操作方法。

能力目标：能正确对动物进行口服给药，能正确对动物进行注射给药，能正确使用输液泵为动物进行输液，能正确处理动物外伤，能对动物进行包扎及外固定，能协助医生进行穿刺技术，能正确进行安置鼻饲管操作，能正确使用导尿管进行导尿操作，能正确对动物进行灌肠。

情感目标：树立科学治疗宠物疾病的意识，培养关爱动物的职业精神，培养学生安全规范操作的意识，培养学生自我保护意识。

三、学习单元内容

1. 宠物驱虫
2. 疫苗免疫
3. 输液
4. 宠物外伤处理
5. 包扎外固定

6. 穿刺
7. 导尿
8. 安置鼻饲管
9. 灌肠

四、教学成果形式

1. 对动物进行体内、体外驱虫情况
2. 对动物进行疫苗免疫情况
3. 对动物进行输液情况
4. 对宠物外伤处理情况
5. 对动物进行包扎外固定情况
6. 对动物进行腹腔穿刺情况
7. 对动物导尿情况
8. 对动物安置鼻饲管情况
9. 对动物进行灌肠情况

五、考核内容及标准

考核内容	占单元成绩权重（%）	考核方式	评价标准	单元成绩权重（%）
理论知识	20	笔试	见各任务评价明细	40
操作技能	60	保定方法、器械使用、诊疗处置情况		
情感态度	20	过程性考核		

任务一 宠物驱虫

寄生虫病对犬猫的生长发育有很大危害，一些人畜共患寄生虫病也会危害到宠物主人的健康，因此应做好疾病的预防工作，定期为宠物进行体内、体外驱虫。

【任务描述】

某客户带自家6月龄的宠物犬到宠物医院进行体内、体外驱虫，医生开具驱虫药处方，需助理按动物给药技术操作规范进行体内外驱虫的实施工作。

【任务目标】

1. 掌握犬驱虫工作的方法和操作流程。
2. 学会对犬进行口服给药。
3. 学会对犬进行体外驱虫。
4. 培养学生安全操作、团结合作、严谨细致等素养。

【任务流程】

犬的接近—犬的保定—犬的体内驱虫—犬的体外驱虫

环节一 犬的接近

【知识学习】

随着养犬养猫的人越来越多，人被犬猫咬伤抓伤的事件屡见不鲜，在宠物医院，尤其需要防护。为了保证医生、助理及其他人员的人身安全，在诊疗过程中必须对犬猫采取有效的保定措施。动物的接近与保定也是宠物医生助理的必备专业技能。

在接近陌生的犬时，应观察犬的表情和动作，若犬呲牙、吠叫、立尾，即表现出攻击姿态时，须做好自身防护，谨慎操作；若犬瑟缩、呜呜、夹尾，即表现出恐惧的表情时，须安抚动物情绪，并提高警惕，避免犬因恐惧而做出攻击行为。另外，犬对其主人有较强的依恋性。在接近犬时，最好有主人在场。

宠物猫到医院就诊时，一般由宠物主人抓抱，本环节不做赘述。

【技能训练】

一、内容及步骤

1. 向犬发出接近信号，呼唤犬的名字或发出温和的呼声，以引起犬的注意。

2. 从其前方徐徐绕至前侧方犬的视线范围内。一面观察其反应，一面接近。单眼失明的犬从健侧接近；接近双眼全盲的动物时应特别小心。

3. 接近犬后助理用手掌或其他软物轻轻抚摸其头部或背部，并密切观察其反应，待其安静后方可进行保定和诊疗活动。

二、注意事项

1. 事先向主人了解动物的特点，如是否咬人、脾气暴躁还是温和、有无特别敏感部位不能让人接触等。

2. 观察其反应，当其怒目圆睁，呲牙咧嘴，甚至发出“呜呜”的呼声时，应特别小心。

3. 助理接近动物时，不能手拿棍棒或其他闪亮和发出声响的器械，以免引起其惊恐不安。

4. 多名助理接近犬时，禁止一哄而上，避免粗暴的恐吓和突然的动作以及可能引起犬猫防御性反应的各种刺激。

5. 助理的着装应符合宠物医院卫生要求和公共卫生要求。

环节二　犬的保定

【知识学习】

犬猫在接触生人或环境改变时，往往惊恐不安。在给动物例行检查、修剪被毛趾甲、诊断与服药时，为便于防疫和临床诊疗工作，避免动物骚动咬伤人和自身受伤，可在主人的帮助下进行适当的保定，以保障人和动物的安全。

动物的保定可分为徒手保定、器械保定以及化学保定等多种保定方法。在进行宠物的驱虫工作中，常用的保定方法是徒手站立保定。徒手站立保定是宠物临床工作中常用的保定动作，一是因为动物习惯站姿，这种保定姿势能让动物比较放松；二是因为站立保定可使动物体内各组织器官保持自然位置，便于进行临床检查和判定患病部位。为了最大程度使动物得到安定，站立保定最好由宠物主人在助理的指导下亲自完成。

在对犬进行徒手保定的过程中，为了避免犬回头咬伤保定人员，需要为犬佩戴伊丽莎白项圈。根据犬只大小选择合适的伊丽莎白项圈为犬佩戴。

【技能训练】

一、所需用品

伊丽莎白项圈。

二、内容及步骤

1. 助理两手持伊丽莎白项圈两端，小心地接近犬，项圈开口向上，从犬的脖子下方套住犬的头部，在头后部扣住伊丽莎白项圈。

2. 将犬放于手术台面或桌面上，左手固定犬头部，防其咬人，右臂跨过犬的背腰部，肘部夹住犬后躯，固定在身侧，右手握住犬的两前腿，食指插入两腿之间，固定前腿。

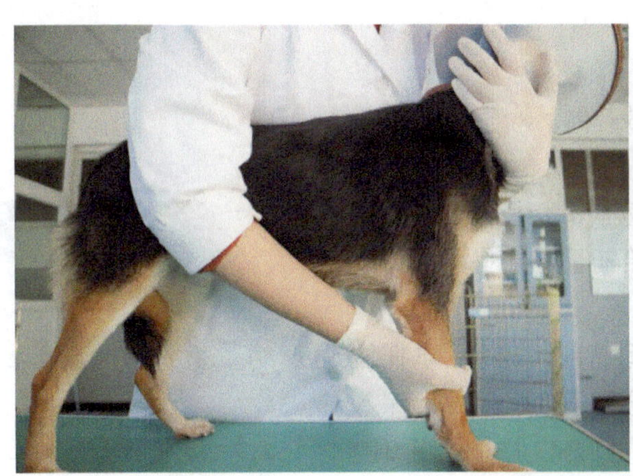
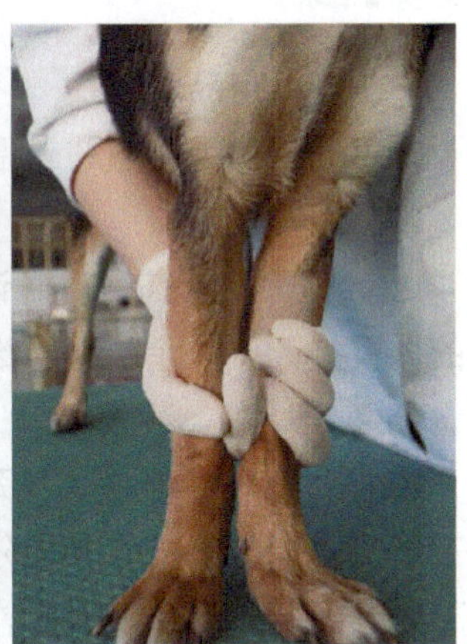

犬的站立保定

三、注意事项

1. 佩戴伊丽莎白项圈应松紧适宜，以能插入两根手指的松紧度为宜。若狗太小，没有适用的项圈，可以用胶布固定伊丽莎白项圈。

2. 操作时应注意人员安全，保定确实。

环节三　犬的体内驱虫

【知识学习】

宠物犬容易患上寄生虫病，尤其是幼犬，因自身抵抗力差，感染寄生虫病会严重影响幼犬生长。预防疾病的方法是定期为犬进行体内驱虫，驱虫方法一般是口服驱虫药。

幼犬第一次体内驱虫一般在 3 月龄以后，而后每月驱虫一次，6 月龄后每隔 3 个月进行一次体内驱虫。

目前，市场上常见的犬体内驱虫药一般是固体药剂，有的驱虫药会制成类似犬零食的口味，以便投喂。

【技能训练】

一、所需用品

体重计、体内驱虫药、喂药器。

二、内容及步骤

1. 计算犬的给药量：研读药品用量说明，根据犬的体重，计算该犬所需的给药量，并将驱虫药按剂量分好。

2. 操作者一手轻扶犬头颈背部，一手手掌托住犬下巴，拇指与食指、中指分别于两侧颊部，深入上下齿槽间，向上推动硬腭，打开口腔，并使口腔开口朝向上方。

3. 操作者以食指和中指的指端夹持药丸送入犬口腔的舌根部，然后快速地把手抽出来，合上犬下巴使其吞咽，药如果投送太浅往往不能吞咽。

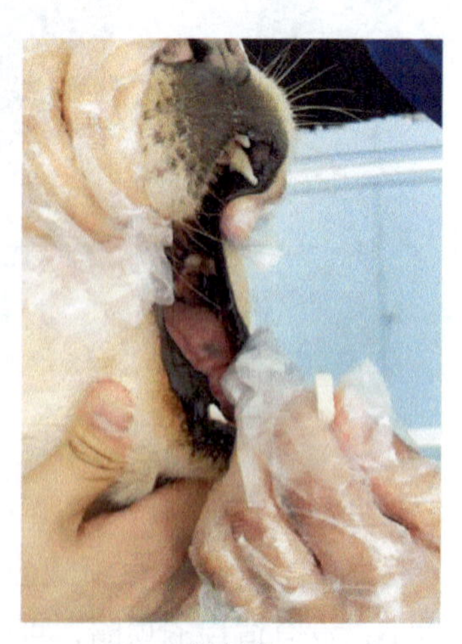

口服给药

4. 若犬不吞咽，可刺激咽部或将犬鼻孔捏住，促使犬快速将药吞下。

5. 对性烈不安、咬人的犬，用上述方法打开口腔后，最好用药匙或喂药器将药置于其舌根部，然后闭合犬嘴部，促使其吞咽。

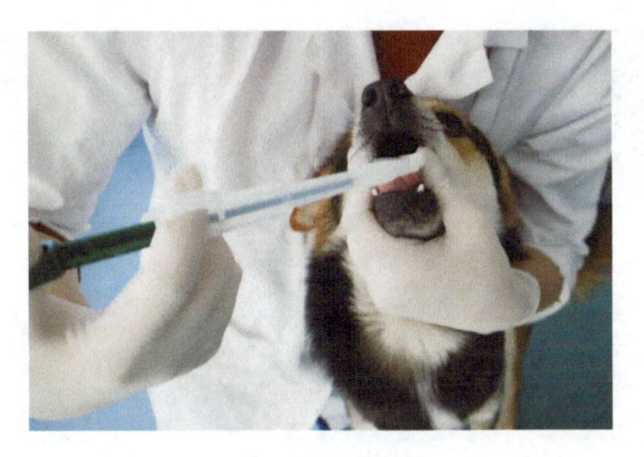

使用喂药器口服给药

三、注意事项

1. 保定确实，防止犬咬人、抓人。

2. 喂药要放在舌根，防止犬将药物吐出。

【技能拓展】

液体药物(水剂、油剂)口服给药

一、所需用品

注射器、药剂。

二、内容及步骤

1. 犬、猫呈犬坐式保定，头稍向上仰。

2. 用拔去针头的一次性注射器吸取药液，操作者一手轻扶犬头颈部，另一手持注射器从侧面挑开犬的嘴角，从犬口裂右侧上下唇之间伸入至牙齿，手指迅速将口角合拢，将药液慢慢注入，犬会自动吞咽。

3. 猫用此法比犬困难些，需保定确实。注意一次灌入量不宜过多，待药液完全咽下再重复灌入，以防呛咳。

4. 粉剂或研碎的片剂加适量水调匀，以及中药煎剂等也可用此法投服。

三、注意事项

1. 谨慎操作，防止犬突然咬人。

2. 并拢犬嘴角，防止液体药物从嘴角流出。

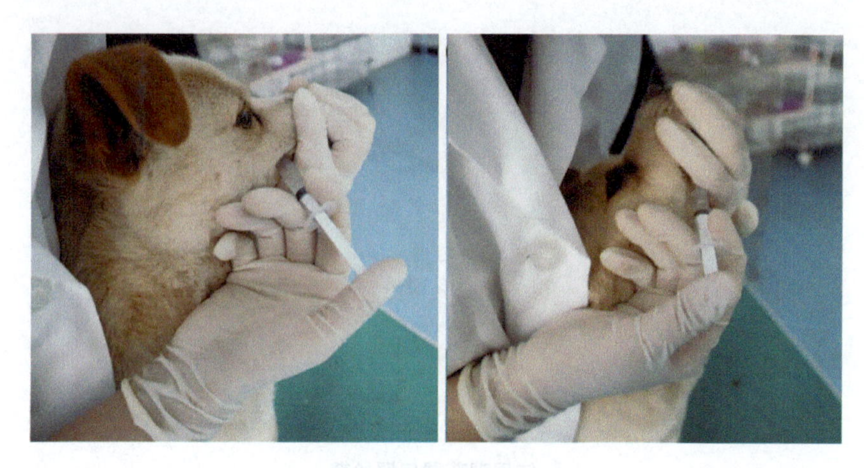

液体药物的口服给药

环节四　犬的体外驱虫

【知识学习】

宠物犬常在草地中奔跑玩耍，容易寄生蜱、蚤等寄生虫。应对犬进行定期的体外驱虫。一般幼犬第一次体外驱虫时间是45日龄，而后间隔1～3个月应进行体外驱虫。

【技能训练】

Ⅰ　驱虫药的滴涂

一、所需用品

体外驱虫药滴剂。

二、内容及步骤

1. 根据犬的体重选择适合剂量的体外驱虫滴剂。
2. 操作者将犬颈背部的被毛分开，暴露皮肤。
3. 将体外驱虫药滴剂分两、三个点，涂抹在犬颈背部的皮肤上。

三、注意事项

1. 犬在涂抹驱虫药后两天不能洗澡，否则会降低药效。
2. 驱虫药应涂抹在犬舔舐不到的皮肤上，避免食入。

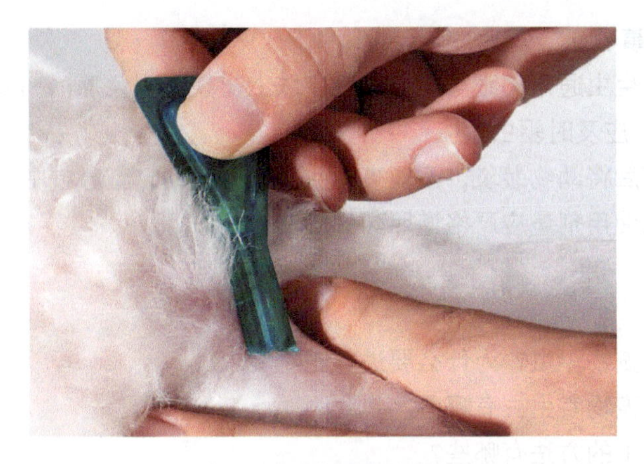

将驱虫剂滴在动物颈背部皮肤

Ⅱ　驱虫药的喷淋

一、所需用品

体外驱虫药喷剂、塑料袋。

二、内容及步骤

1. 操作者用驱虫药喷剂喷洒动物全身，脸部可用棉布蘸喷剂涂抹。在使用喷剂时应将宠物服装及项圈除去。

2. 喷完驱虫药后，可用塑料袋将动物包裹起来，降低喷雾在空气中的挥散，并避免跳蚤逃逸。

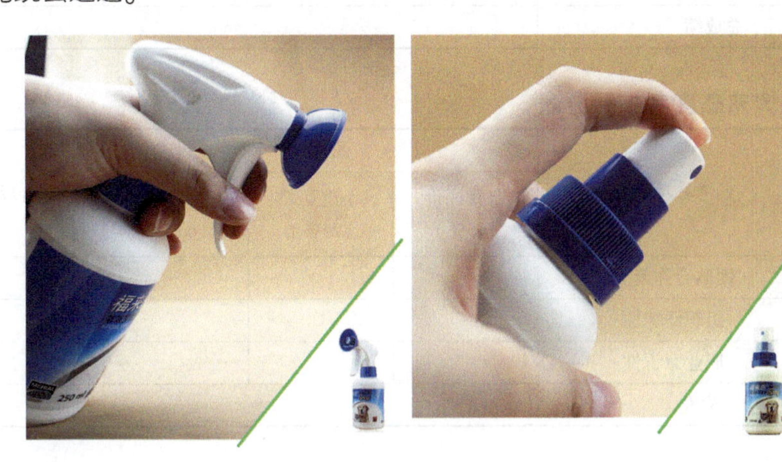

体外驱虫喷剂

三、注意事项

1. 体外寄生虫通常肉眼可见，动物皮肤上出现红褐色瘤(蜱)或黑色碎渣(跳蚤的粪便)时，应及时驱虫。

2. 若喷药后将动物装袋，不能裹住头部，以免动物窒息或中毒。

3. 药品的使用剂量应严格遵照药品说明。

【思考与讨论】

1. 什么是宠物驱虫？为什么要进行宠物驱虫？
2. 常见的宠物寄生虫有哪些？
3. 宠物驱虫的方法有哪些？
4. 应间隔多久为宠物进行驱虫？
5. 为宠物驱虫应注意哪些问题？

【考核评分】

一、技能考核评分表

序号	考核项目	测评人			综合成绩
		自我评价（15%）	小组互评（25%）	教师评价（60%）	
1	动物保定				
2	动物驱虫工作流程与操作				
总成绩					

二、情感态度考核评分表

序号	考核项目	测评人			综合成绩
		自我评价（15%）	小组互评（25%）	教师评价（60%）	
1	团队合作能力				
2	组织纪律性				
3	职业意识性				
总成绩					

三、考核内容及评分标准

考核内容	考核项目	评分标准	
理论技能知识	动物保定	保定确实，姿势正确，能安抚动物，能配合操作人员完成操作	20
		保定不确实，动物情绪不稳定，动物易挣脱	12
		无法选择有助于驱虫工作的动物保定姿势，不能安抚动物，无法完成保定	0
	宠物驱虫工作流程与操作	宠物驱虫工作流程流畅，操作规范、熟练，完成效果好	50
		宠物驱虫工作流程不流畅，药品及工具的使用有错误，动物驱虫操作比较规范	30
		无法正常进行驱虫操作，工具选择和使用有错误，动物驱虫操作不规范或无法完成驱虫操作	0
情感态度	团队合作能力	积极参加小组活动，团队合作意识强，组织协调能力强	10
		能够参与小组课堂活动，具有团队合作意识	6
		在教师和同学的帮助下能够参与小组活动，主动性差	0
	组织纪律性	严格遵守课堂纪律，无迟到早退，不打闹，学习态度端正	10
		遵守课堂纪律，有迟到早退现象，有时做与课程无关事宜，学习态度较好	6
		不遵守课堂纪律，迟到早退，做与上课无关事宜，并不听老师劝阻，态度差	0
	职业意识性	有较强的安全意识、节约意识、爱护动物的意识	10
		安全意识较差，节约意识不强，对动物不爱护	6
		安全意识差，节约意识差，对动物动作粗暴	0

任务二　疫苗免疫

犬瘟热、犬细小等传染病危害犬的健康及生命，犬钩端螺旋体病以及狂犬病更是危及人的安全及健康，因此应定期进行疫苗免疫，预防传染病的发生。

【任务描述】

某客户带自家3月龄宠物犬到宠物医院进行疫苗免疫，医生开具犬八联疫苗及狂犬疫苗处方，需助理按犬的疫苗注射操作规范进行疫苗免疫的实施工作。

【任务目标】

1. 掌握犬疫苗免疫工作的方法和流程。
2. 学会对犬进行皮下注射给药。
3. 学会对犬进行免疫接种。
4. 培养学生安全操作、团结合作、严谨细致的素养。

【任务流程】

疫苗抽取—动物保定—疫苗免疫

环节一　疫苗抽取

【知识学习】

宠物的疫苗免疫可以避免其患上疫苗保护下的多种宠物常见传染性疾病，因此，应定期注射动物商品疫苗。

为了让疫苗免疫切实有效，在免疫前应先确认宠物的身体情况，包括宠物年龄、有无免疫、有无患病等，若小狗领养时间不足2周，应在家中观察够14d再带来医院进行免疫。

幼犬免疫：幼犬的初次免疫需接种三针疫苗，出生后42～45日龄进行首次免疫，每隔3周进行一次免疫接种。而后每年(11个月)注射1次。

成年犬免疫：成年犬的初次免疫需接种两针疫苗，间隔3周。而后每年(11个月)注射1次即可。

狂犬病疫苗可随初免的最后1针同时进行，而后每年注射1次。

【技能训练】

一、所需用品

一次性注射器(2mL)2支、犬八联疫苗、狂犬病疫苗、托盘、酒精棉球。

二、内容及步骤

1. 先将疫苗瓶封口端用酒精棉消毒，并同时检查药品名称及质量，注意有无变质、浑浊，然后将连接针头的注射器插入疫苗瓶胶塞中，慢慢拉出针筒活塞抽吸疫苗液。

2. 对冻干疫苗，需先抽取疫苗稀释液，注入冻干疫苗瓶中，摇晃均匀后抽出。

3. 将注射器针尖垂直向上，排出气泡，而后用注射器帽盖好针头。

三、注意事项

1. 操作前应仔细检查疫苗瓶标签，防止抽错疫苗或稀释液。

2. 抽取疫苗后，应盖好针头帽，以免锐器伤人。

环节二　动物保定

【知识学习】

为了保证人员及动物安全，并方便操作者进行疫苗注射。一般对犬进行徒手站立保定或坐式保定，站立保定的免疫部位是犬后颈部脊柱两侧。而对于泰迪、比熊这类需要对毛发进行悉心照料的宠物犬，由于疫苗注射后可能引起掉毛或局部被毛变色等副作用，可咨询动物主人意见后，采取徒手仰卧保定，在犬腹侧大腿皮褶处进行免疫。保定时应充分暴露注射位置。

【技能训练】

徒手站立保定

一、所需用品

伊丽莎白项圈。

二、内容及步骤

1. 为犬戴上伊丽莎白项圈。

2. 保定助手对犬进行徒手站立保定，暴露出肩颈部位皮肤。

三、注意事项

1. 套伊丽莎白项圈时，应从动物后方进行佩戴，松紧度以可伸入两指为宜。

2. 保定人员应时刻观察动物的表现，保证人员安全，同时保证动物呼吸顺畅。

3. 犬闻到酒精的气味可能会用力挣扎，此时应适当放松动作，但不能放手，以免动物咬伤。

环节三　疫苗免疫

【知识学习】

疫苗是指为了预防、控制传染病的发生、流行，用于人与动物预防接种的预防性生物制品。

疫苗免疫的原理就是将病原微生物及其代谢产物，经过人工减毒、灭活或利用转基因等方法制成用于预防传染病的自动免疫制剂。疫苗保留了抗原刺激动物体免疫系统的特性。当动物体接触到这种不具伤害力的抗原后，免疫系统便会产生一定的保护物质；当动物再次接触到这种抗原时，动物体的免疫系统便会依循其原有的记忆，制造更多的保护物质来阻止抗原的伤害。

【技能训练】

皮下注射

一、所需用品

抽好疫苗的注射器、酒精棉球、干棉球、托盘。

二、内容及步骤

1. 注射部位消毒，用酒精棉球以注射点为中心向外擦，应分开毛发，暴露进针位置，用手轻扇，使酒精快速挥发。

2. 用左手中指和拇指捏起注射部位的皮肤，同时以食指尖压皱褶向下陷呈三角凹窝。右手持连接针头的注射器，从皱褶基部的陷窝处刺入皮下 2 ~ 3cm，此时如感觉针尖无抵抗，且能自由拨动，回抽注射器不见回血，即可缓慢注入疫苗。

3. 拔出注射器针头，盖好针帽，用干棉球按压针孔止血。

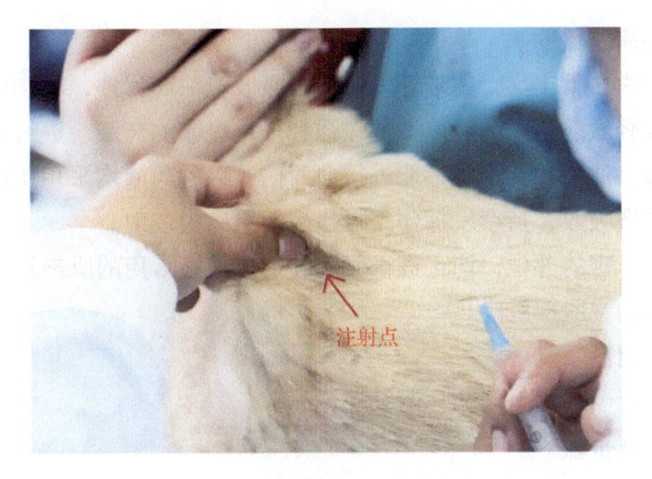

三指将皮肤捏出三角形皱褶

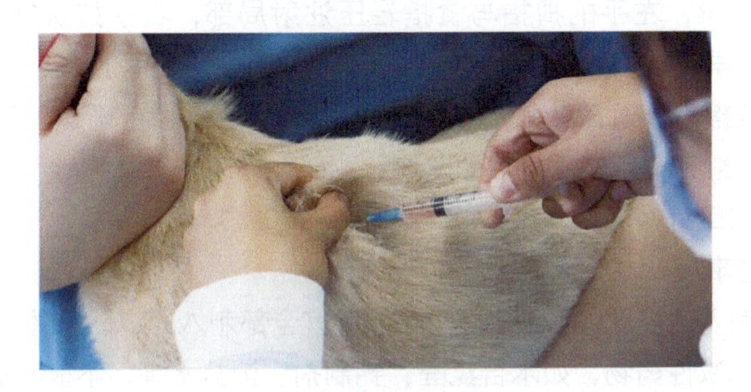

疫苗皮下注射

4. 若要继续免疫狂犬病疫苗，应避开犬八联疫苗的注射位置进行免疫。

三、注意事项

1. 保定人员与操作人员要相互配合，保定确实，保证操作人员的人身安全。

2. 同时注射多支疫苗时，应在不同部位进行注射。

3. 注射完毕需要盖好针头帽，以免误伤人员。

4. 因为酒精会影响疫苗中的活性成分发挥作用，因此在备皮消毒后，应将酒精扇干，或用干棉球擦干。

【技能拓展】

Ⅰ　肌肉注射

肌肉注射是一种常用的药物注射治疗方法，指将药液通过注射器注入肌肉组织内，达到治病的目的。

由于肌肉内血管丰富，药液注入肌肉内吸收较快。另外，肌肉内的感觉神经较少，故疼痛轻微。所以一般刺激性较强和较难吸收的药液、进行血管内注射有副作用的药液、油剂和乳剂等不能进行血管内注射的药液均采用肌肉注射。为了使药液能被缓慢吸收，持续发挥作用，也应用肌肉内注射。

凡是肌肉丰富的部位，均可进行肌肉注射。犬猫常用的肌肉注射部位在脊柱两侧的腰部肌肉或股部肌肉。

一、所需用品

一次性注射器、注射用药、酒精棉球。

二、内容及步骤

1. 保定、吸取药液：同皮下注射。

2. 局部消毒，左手的拇指与食指轻压注射局部，右手如执笔式持注射器，使针头与皮肤垂直，迅速刺入肌肉内 2 ~ 4cm，而后用左手拇指、食指把住针头结合部，以食指指节顶在皮上，再用右手抽动针筒活塞 ，确认无回血时，即可注入药液，注射完毕用左手持棉球压迫针孔部，迅速拔出针头。

3. 将针扣回针帽中。

三、注意事项

1. 针体刺入深度，一般只刺入 2/3，不宜全部刺入，以防针体折断。

2. 对强刺激性药物，如水合氯醛、钙制剂、浓盐水等，不能肌肉内注射。

3. 注射针尖如接触神经，则动物骚动不安，应变换方向，再注射药液。

4. 一旦针体折断，应立即拔出。如不能拔出，先将动物保定好，行局部麻醉后，迅速切开注射部位，用小镊子或钳子拔出折断的针体。

Ⅱ 腹腔注射

腹腔注射是常见的给药方式，腹膜吸收能力很强，当犬猫心力衰竭，静脉注射出现困难时，可通过腹膜腔进行补液。

腹腔注射可用于动物的保温、降温、透析、补液及麻醉等。

腹腔注射的进针部位在犬猫的下腹部耻骨前缘 3 ~ 5cm 腹白线的侧方。

一、所需用品

一次性注射器、注射用药、酒精棉球、干棉球。

二、内容及步骤

1. 保定、吸取药液：同皮下注射。

2. 注射方法：局部消毒。将犬猫两后肢提起，使肠管前移。在耻骨前缘3～5cm腹中线侧方(1.5cm左右)，针头垂直刺入。注射时一定要固定好针头，以防刺伤腹腔脏器。一般注射无刺激性等渗或低渗药物，如生理盐水和葡萄糖溶液等。

3. 将针扣回针帽中。

4. 注射后用干棉球按压注射部位，确认注射部位不再出血。

三、注意事项

1. 腹腔注射忌不等渗液体。

2. 药液应加温到37～38℃。

3. 选用无刺激性药液，忌葡萄糖酸钙等，油乳剂、沉淀、半固体的药物不宜腹腔注射。

【思考与讨论】

1. 什么是疫苗免疫？为什么要为宠物接种疫苗？

2. 宠物犬、猫的疫苗有哪些种类？分别可以防治哪些传染病？

3. 对宠物进行疫苗免疫的注射部位有哪些？对一些毛色较浅的动物应该在何种部位进行疫苗注射？

4. 幼犬初次免疫疫苗的时间是几月龄？成犬的疫苗免疫程序是什么？

5. 对宠物进行疫苗免疫应注意哪些问题？

【考核评分】

一、技能考核评分表

序号	考核项目	测评人			综合成绩
		自我评价（15%）	小组互评（25%）	教师评价（60%）	
1	动物保定				
2	动物疫苗免疫工作流程与操作				
总成绩					

二、情感态度考核评分表

<table>
<tr><th rowspan="2">序号</th><th rowspan="2">考核项目</th><th colspan="3">测评人</th><th rowspan="2">综合成绩</th></tr>
<tr><th>自我评价
（15%）</th><th>小组互评
（25%）</th><th>教师评价
（60%）</th></tr>
<tr><td>1</td><td>团队合作能力</td><td></td><td></td><td></td><td></td></tr>
<tr><td>2</td><td>组织纪律性</td><td></td><td></td><td></td><td></td></tr>
<tr><td>3</td><td>职业意识性</td><td></td><td></td><td></td><td></td></tr>
<tr><td colspan="2">总成绩</td><td colspan="4"></td></tr>
</table>

三、考核内容及评分标准

<table>
<tr><th>考核内容</th><th>考核项目</th><th colspan="2">评分标准</th></tr>
<tr><td rowspan="6">理论技能知识</td><td rowspan="3">动物保定</td><td>保定确实，姿势正确，能安抚动物，能配合操作人员完成操作</td><td>20</td></tr>
<tr><td>保定不确实，动物情绪不稳定，动物易挣脱</td><td>12</td></tr>
<tr><td>无法选择有助于疫苗免疫工作的动物保定姿势，不能安抚动物，无法完成保定</td><td>0</td></tr>
<tr><td rowspan="3">动物疫苗免疫流程与操作</td><td>疫苗免疫流程流畅，操作规范、熟练，完成效果好</td><td>50</td></tr>
<tr><td>疫苗免疫流程不流畅，工具选择和使用有错误，疫苗免疫操作比较规范，完成任务较困难</td><td>30</td></tr>
<tr><td>无法正常进行操作，工具选择和使用有错误，动物疫苗免疫操作不规范或无法完成疫苗免疫操作</td><td>0</td></tr>
<tr><td rowspan="9">情感态度</td><td rowspan="3">团队合作能力</td><td>积极参加小组活动，团队合作意识强，组织协调能力强</td><td>10</td></tr>
<tr><td>能够参与小组课堂活动，具有团队合作意识</td><td>6</td></tr>
<tr><td>在教师和同学的帮助下能够参与小组活动，主动性差</td><td>0</td></tr>
<tr><td rowspan="3">组织纪律性</td><td>严格遵守课堂纪律，无迟到早退，不打闹，学习态度端正</td><td>10</td></tr>
<tr><td>遵守课堂纪律，有迟到早退现象，有时做与课程无关事宜，学习态度较好</td><td>6</td></tr>
<tr><td>不遵守课堂纪律，迟到早退，做与上课无关事宜，并不听老师劝阻，态度差</td><td>0</td></tr>
<tr><td rowspan="3">职业意识性</td><td>有较强的安全意识、节约意识、爱护动物的意识</td><td>10</td></tr>
<tr><td>安全意识较差，节约意识不强，对动物不爱护</td><td>6</td></tr>
<tr><td>安全意识差，节约意识差，对动物动作粗暴</td><td>0</td></tr>
</table>

任务三　输液

静脉注射是一种将药液、血液、营养液等液体物质直接注射到静脉中的医疗方法。静脉注射可分短暂性与连续性，短暂性的静脉注射多以针筒直接推注入静脉；连续性的静脉注射则以静脉滴注实施，即输液。

输液是宠物医院的常用治疗方法，宠物医生助理应熟练掌握本项内容。

【任务描述】

某客户带病犬来医院就医，医生开具输液处方，需要助理按处方及操作规程，对动物进行输液治疗。

【任务目标】

1. 掌握犬输液工作的方法和操作流程。
2. 学会对犬进行静脉注射给药。
3. 学会对犬进行输液。
4. 培养学生安全操作、团结合作、严谨细致的素养。

【任务流程】

动物保定—安置留置针—输液—设定输液泵

环节一　动物保定

【知识学习】

根据要对动物进行输液的静脉，选择保定姿势。颈静脉注射常用于幼犬，于颈静脉沟上 1/3 与中 1/3 交界处可进行静脉注射；成年犬的输液，一般选在前肢臂头静脉或后肢跖背侧静脉；猫的输液常选在后肢隐静脉。

【技能训练】

一、所需用品

伊丽莎白项圈。

二、内容及步骤

颈静脉输液的保定：犬俯卧保定，保定助手一手固定犬身体，一手抬高犬头部，露出脖颈。

前肢静脉输液的保定：犬俯卧保定，助手一手固定犬身体，一手将待输液前肢向前伸，并固定。

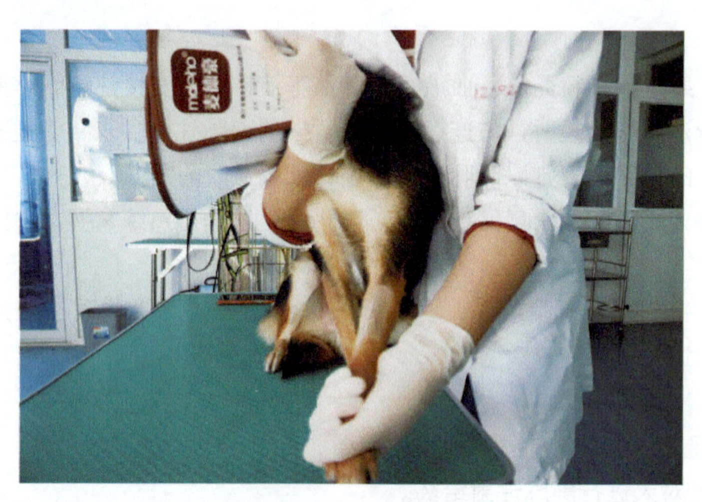

前肢输液保定姿势

后肢跖背侧静脉输液的保定：犬俯卧保定，助手一手固定犬身体，一手将待输液后肢向侧伸出，并固定。

后肢隐静脉输液的保定：猫侧卧保定，助手捉住动物两前爪，一手分开动物后腿，暴露后腿内侧的隐静脉。

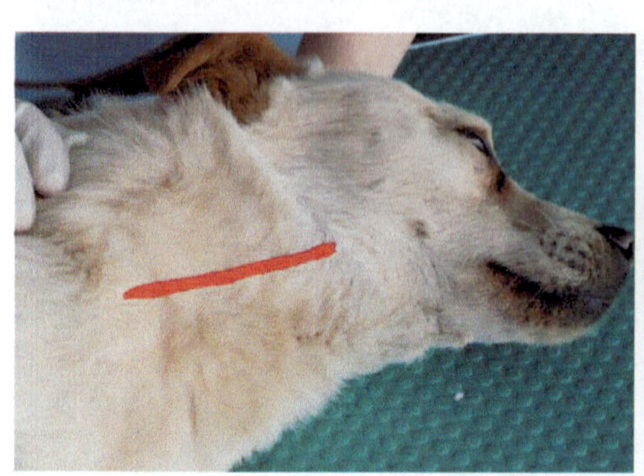

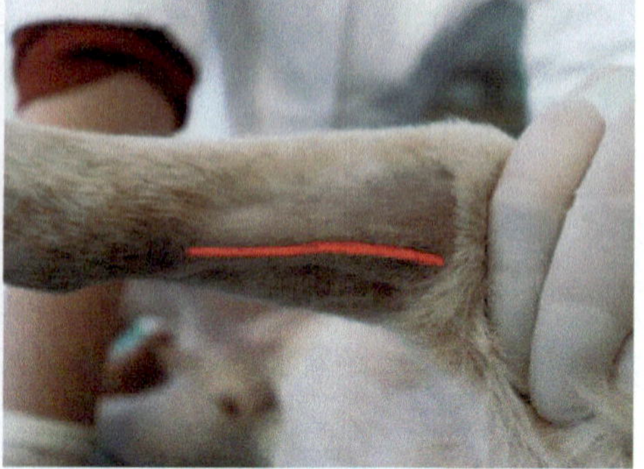

犬颈静脉犬前臂正中静脉

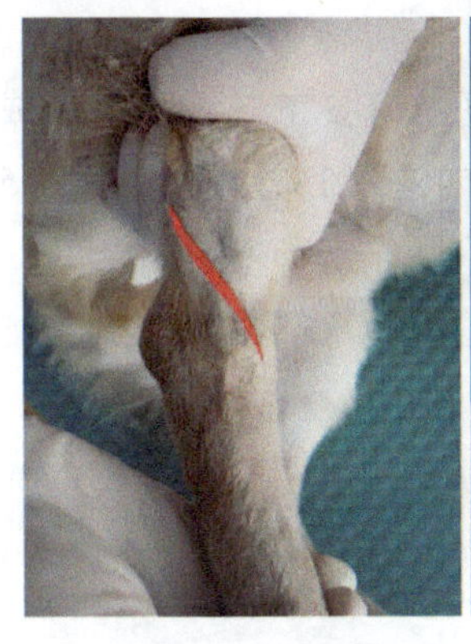

犬后肢外侧隐静脉

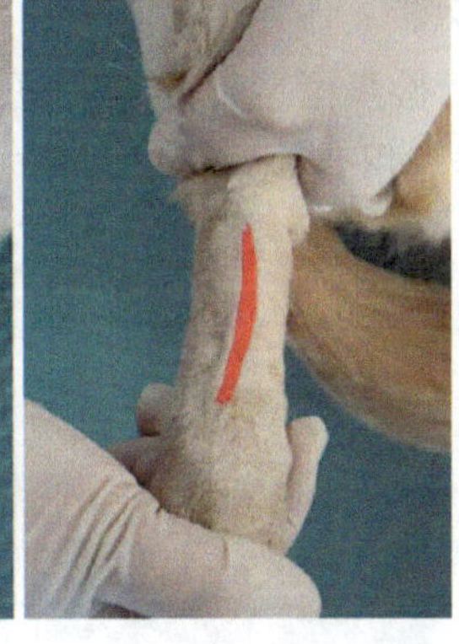

犬后肢背侧静脉

环节二　安置留置针

【知识学习】

对于需要长期静脉注射、输液的动物，为保护组织，防止静脉炎症、血肿，需为动物安置留置针。一枚留置针一般使用时间为3d，3d后需在新的穿刺部位更换留置针。

【技能训练】

一、所需用品

伊丽莎白项圈、电剪、酒精棉球、胶皮管、止血钳、留置针、肝素、肝素帽、胶带、纸胶带、弹性绷带、一次性注射器、记号笔、托盘。

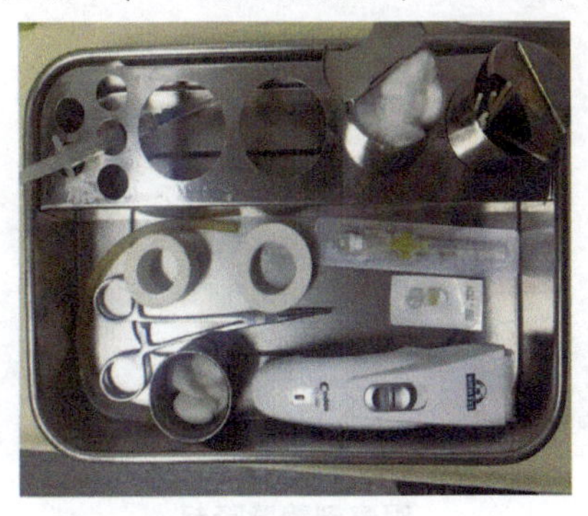

用品准备

二、内容及步骤

1. 用品准备：检查留置针是否完好；将胶布与纸胶带撕成合适长度，贴在操作台边备用；准备肝素帽，向肝素帽内注入1%肝素0.3~0.5mL。

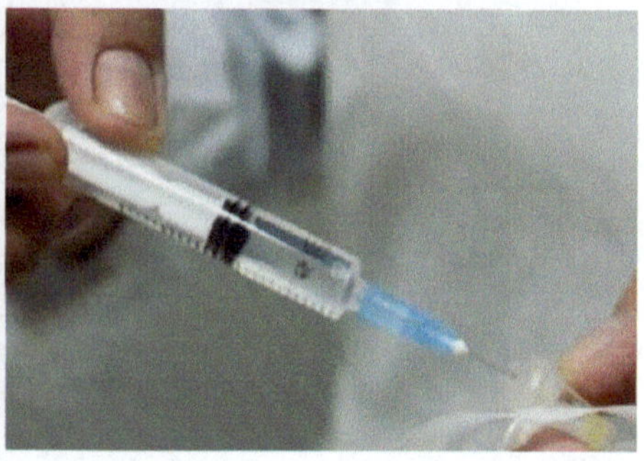

2. 输液部位局部剪毛剃毛消毒，用胶皮管扎住血管近心端，或用手指压在注射部位近心端静脉上，使血管膨隆。

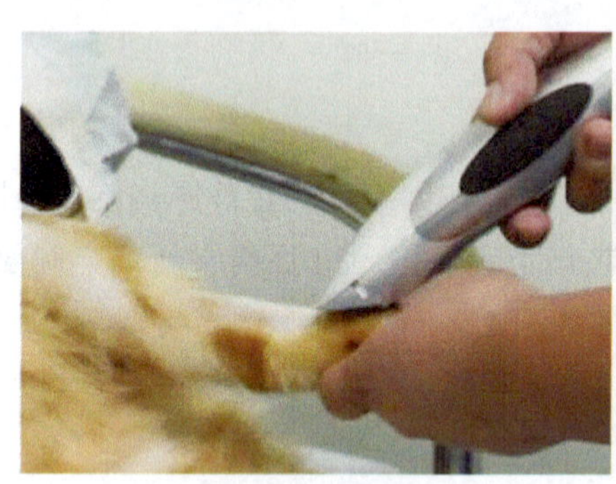

输液部位剃毛

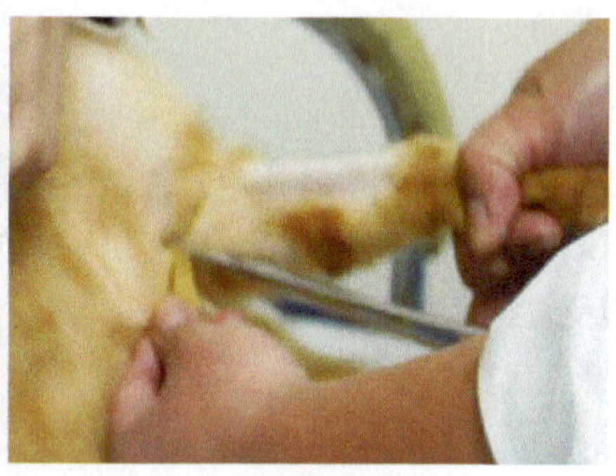

扎止血带

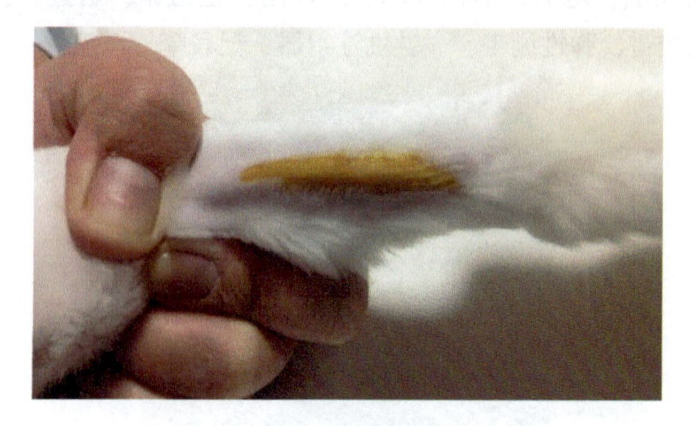

观察到静脉隆起

3. 选择与静脉粗细相适宜的留置针(针头)，沿静脉走向，以15°～45°的角度刺入血管内，观察回血情况。

针头刺入静脉中并观察到回血

4. 留置针进针见回血后，将软管推入静脉内，用胶带固定后方可拔去针芯，松开血管近心端胶皮管。

5. 安装肝素帽，以防血液凝固。

6. 用胶带对留置针进行可靠的固定，在布胶带上用记号笔标记留置针操作人员姓名及埋留置针的日期和时间。

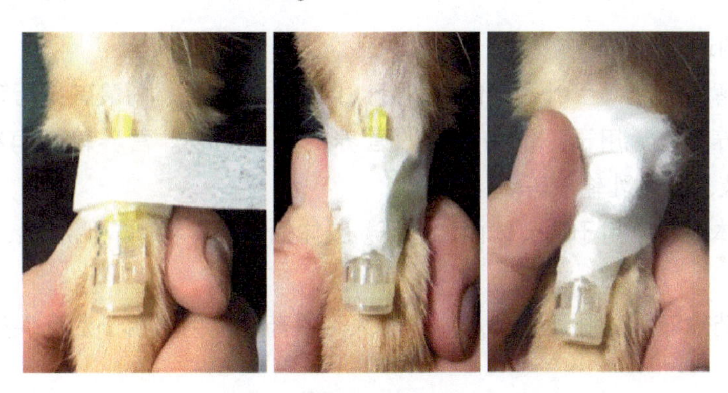

纸胶带和胶布固定

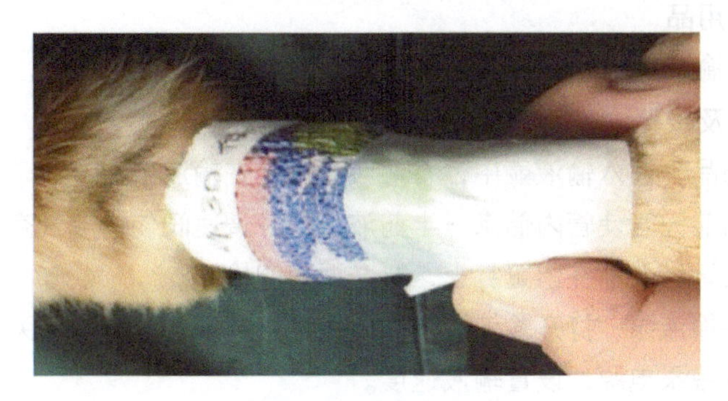

标明日期和操作人员姓名

三、注意事项

1. 输液前应检查所用用品及药液是否确切、妥善。

2. 严格遵守无菌操作规程，对所有注射用具及注射部位，均应严密消毒。

3. 进针时要注意检查针头是否畅通，当反复刺入时，常被组织块或血凝块堵塞，应更换针头。

4. 穿刺时务必沉着，切勿乱刺，以免穿破静脉引起血肿；如已有血肿，应立即拔出针头，按压局部，另选其他静脉穿刺。

5. 需长期反复多次作静脉注射的动物，应注意保护静脉，有计划地由小到大、由远端到近端的次序选定注射部位。如有静脉炎现象不可再在该部位注射。

环节三　输液

【知识学习】

输液的适应症：

1. 电解质输液：用以补充体内水分、电解质，纠正体内酸碱平衡等。

2. 营养输液：用于不能口服吸收营养的患病动物。营养输液有糖类输液、氨基酸输液、脂肪乳输液等。

3. 胶体输液：用于调节体内渗透压。胶体输液有多糖类、明胶类、高分子聚合物类等。

4. 含药输液：静脉滴注输入体内的大剂量药物注射液用于治疗疾病。

【技能训练】

一、所需用品

输液壶、输液架、输液泵、生理盐水、一次性注射器、肝素。

二、内容及步骤

1. 准备药品，注入输液壶中，将输液壶高挂在输液架上。

2. 按压马菲氏管使管内储满一半药液，打开调速阀使输液管空气排空。

3. 将输液管针头插在留置针上，打开调速阀输液。

4. 准备好输液泵，打开输液泵门，将输液管嵌入输液泵内，关闭泵门。

5. 接通输液泵电源，设置输液速度。

6. 按开始键输液，观察输液程序是否正常，输液前观察输液管中是否有气

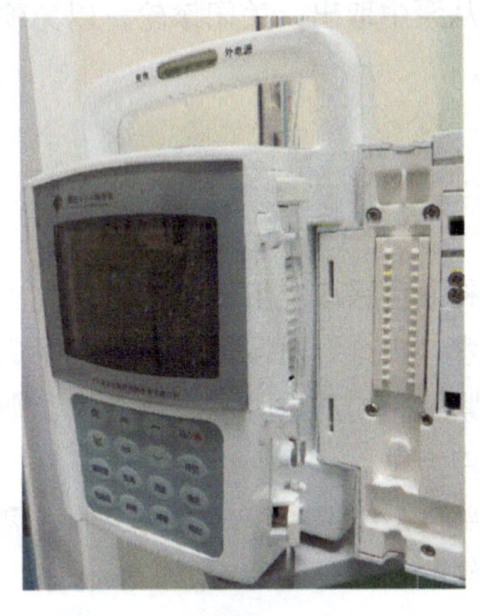

打开输液泵门

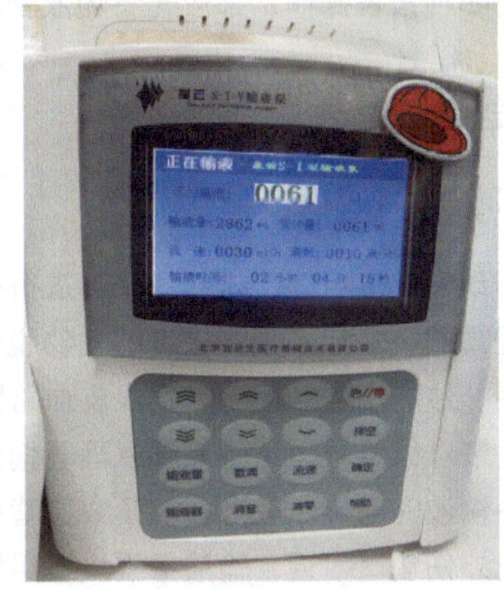

开始输液

泡，若有，需将气泡排干净。

7. 动物输完液，输液泵发出警报，及时按停止键关闭，先给动物封管或拆针，然后关闭输液泵。

三、注意事项

1. 输液前，输液管中应先排尽空气。

2. 混合注入多种药液时，应注意配伍禁忌，油类制剂不能静脉内注射。

3. 大量输液时，注射速度不宜过快，一般为 10～30mL/(kg·h)，患有心脏病等特殊疾病动物，输液速度应听从医嘱。冬天药液要加温至动物体温程度。

4. 输液过程中，要经常注意动物表现，如有骚动、出汗、气喘、肌肉震颤等征象时，应及时停止注射；当发现液体输入突然过慢或停止以及注射局部明显肿胀时，应检查回血。

5. 避免将药液注射到血管外，尤其钙剂、锑剂、氮剂等药，以免引起局部剧痛，甚至组织坏死。如有外溢，应立即停止注射，并热敷或局部注射生理盐水，或用其他药液稀释，防止组织坏死。

6. 当输液泵发出警报，需解除警报继续进行操作：

(1)气泡警报：先按停止键，然后关闭输液壶滚轮，打开输液泵门，排除气泡，重新嵌入。

(2)阻塞报警：常因回血，管道扭曲，滚轮未开等原因，调整输液管道或者疏通血管即可。

(3)电池殆尽：接头接触不良或者亏电。

无论哪种报警操作，都应先将输液管从泵中取出，关闭滚轮，以免输液速度失控。

7. 定期校正输液泵。

【拓展训练】

由于动物皮下组织疏松，对动物进行补液可采取皮下输液的方法。皮下输液可纠正轻微的脱水症、预防厌食的动物脱水，也可针对慢性肾病、糖尿病等动物需要长期补液的病症。但当动物表皮血管紧缩，如严重脱水、休克时，则不能应用皮下输液进行抢救，还是需要以静脉输液为主。

皮下输液的部位一般选在肩颈或腰背部皮下结缔组织疏松的部位，需避开手术窗口或外伤创口附近，输液量视皮下组织的松弛程度而定。

一、所需用品

一次性注射器(50mL)、输液针、乳酸林格氏液、酒精棉球、干棉球。

二、内容及步骤

1. 准备药品，配置药品，将药品加热至40℃，抽吸50mL药品至注射器中。
2. 注射部位剪毛，用酒精棉球消毒注射部位。

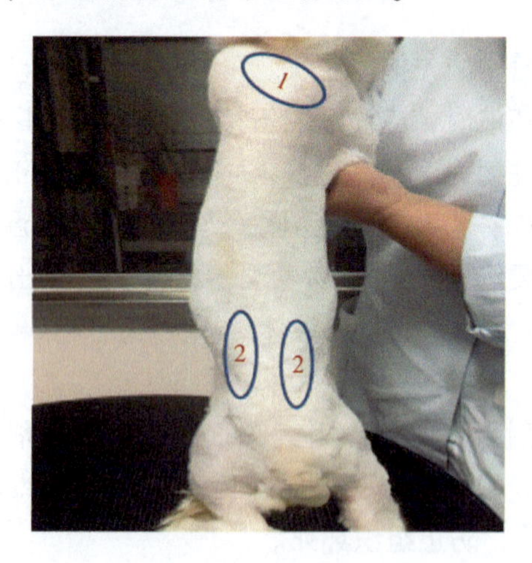

皮下输液位置

(1. 肩胛骨中间松弛皮肤；2. 尾根处脊柱两侧松弛皮肤)

3. 将注射器连通输液针，排出多余空气。将输液针刺入注射部位皮下，并固定针头，回抽注射器检查回血，若无回血则缓慢推注药品。
4. 注射完毕拔出针头时，需用干棉球按压一会，防止液体流出。

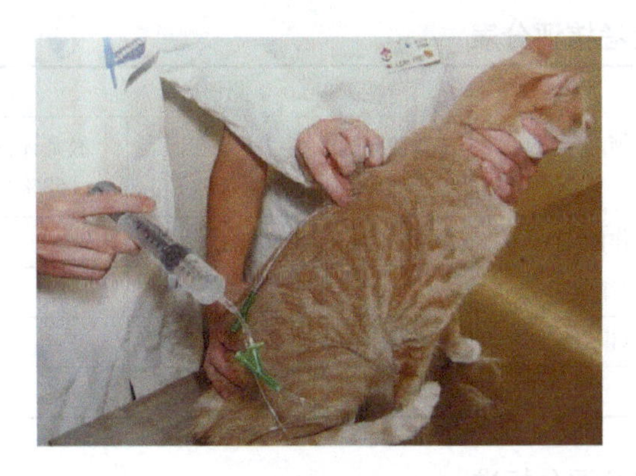

皮下注射

三、注意事项

1. 若需要大量液体注射，需选用多个位置进行皮下输液。

2. 皮下输液的药物不能选择有刺激性的液体，否则会刺激皮下组织，造成溃烂。

3. 若皮下输液造成硬包、脓液等反应，应及时停止并清创。

【思考与讨论】

1. 什么是输液？有哪些液体可以通过输液补给动物？
2. 对宠物输液的常用部位有哪些？
3. 对宠物输液时，保定人员应如何进行动物保定？
4. 安置留置针时应注意哪些问题？
5. 你会使用输液泵调节液体流速吗？

【考核评分】

一、技能考核评分表

序号	考核项目	测评人			综合成绩
		自我评价（15%）	小组互评（25%）	教师评价（60%）	
1	动物保定				
2	动物输液流程与操作				
总成绩					

二、情感态度考核评分表

序号	考核项目	测评人			综合成绩
		自我评价（15%）	小组互评（25%）	教师评价（60%）	
1	团队合作能力				
2	组织纪律性				
3	职业意识性				
总成绩					

三、考核内容及评分标准

考核内容	考核项目	评分标准	
理论技能知识	动物保定	保定确实，姿势正确，能安抚动物，能配合操作人员完成输液操作	20
		保定不确实，动物情绪不稳定，动物易挣脱	12
		无法选择对安置留置针有益的动物保定姿势，不能安抚动物，无法完成保定	0
	动物输液流程与操作	完成输液流程流畅，能正确使用输液壶，能准确操作输液泵，安置留置针操作规范、熟练，完成效果好	50
		输液流程衔接不流畅，使用输液壶时有气泡，能操作输液泵，安置留置针操作不熟练、不美观	30
		无法正常进行操作，仪器设备使用有误，安置留置针操作不规范或无法完成操作	0
情感态度	团队合作能力	积极参加小组活动，团队合作意识强，组织协调能力强	10
		能够参与小组课堂活动，具有团队合作意识	6
		在教师和同学的帮助下能够参与小组活动，主动性差	0
	组织纪律性	严格遵守课堂纪律，无迟到早退，不打闹，学习态度端正	10
		遵守课堂纪律，有迟到早退现象，有时做与课程无关事宜，学习态度较好	6
		不遵守课堂纪律，迟到早退，做与上课无关事宜，并不听老师劝阻，态度差	0
	职业意识性	有较强的安全意识、节约意识、爱护动物的意识	10
		安全意识较差，节约意识不强，对动物不爱护	6
		安全意识差，节约意识差，对动物动作粗暴	0

任务四　宠物外伤处理

外伤是指各种不同外力作用于动物机体，引起组织器官解剖结构的破坏和生理功能的紊乱，常伴有不同程度的局部和全身反应。

【任务描述】

某客户带一只受伤患犬到宠物医院就诊，医生诊断为脖颈部被他犬咬伤，并且伤口及创腔内有化脓感染，需由助理协助，按照犬的外伤处理操作规范进行犬外伤处理的实施工作。

【任务目标】

1. 掌握宠物外伤处理工作的方法和操作流程。
2. 学会对犬进行清创、伤口引流及缝合的操作技术。
3. 能够对宠物进行外伤处理。
4. 培养学生安全操作、团结合作、严谨细致的素养。

【任务流程】

保定—创伤评价—清创—引流—缝合结扎

环节一　犬的保定

【知识学习】

根据动物受伤部位为其进行保定。在本任务中，伤口在犬的脖颈处，可对犬进行徒手站立保定或搂抱保定，要充分暴露受伤部位。对抗拒的犬，可用纱布或口笼固定动物嘴部，对挣扎剧烈的犬，也可应用麻醉药物使动物镇定。

【技能训练】

一、所需用品

伊丽莎白项圈、纱布条、口笼。

二、内容及步骤

1. 为动物佩戴伊丽莎白项圈。

2. 扎口法(长嘴犬)：取一根长1m左右的软绳或纱布条，在中间打一活结圈套，将圈套从犬鼻端套至鼻背部中间，然后拉紧圈套，并且继续缠绕1～2圈，随后在下颌下方打单结，最后将绳子两端于耳后固定。此法适用于长嘴犬。

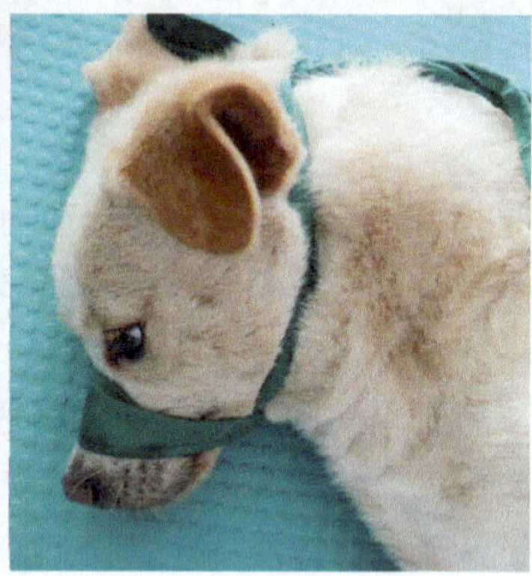

长嘴犬的扎口保定

3. 扎口法(短嘴犬)：对短嘴犬，可在细绳1/3处打活结圈，套在嘴后颜面，于下颌处收紧，两游离端向后拉至耳后枕部打结，并将其中一长的游离端经额部引至鼻背侧穿过绳圈，并反转至耳后与另一游离端收紧打结。

4. 口笼保定法：给犬带口笼操作方便。口笼有皮制口笼和铁丝口笼之分。口笼有大、中、小3种，应选择合适的口笼给犬戴上并系牢。保定人员抓住脖圈，防止犬将口笼抓掉或选择大小合适的嘴套给犬戴上，防止犬咬人。

口笼保定

5. 徒手搂抱保定：将犬的左侧贴于保定人员胸前，保定者左手搂住犬的头颈部，将犬的头部按在自己胸前，右臂跨过动物身体，暴露动物受伤的右肩，右手握紧动物右前肢。

三、注意事项

1. 搂抱时必须要固定好头部。同时抱紧犬的身体。
2. 固定颈部松紧须适宜，不能松到动物能够挣开，也不能紧到动物窒息。
3. 在动物进行搂抱保定前，可对动物进行固定嘴部的保定，加强安全性。
4. 对于较温和的犬，或可由犬的主人进行保定。

环节二　创伤评价

【知识学习】

创伤处理的"黄金时间"是指在损伤后被污染和细菌繁殖大于 10^5 ~ 10^6 CFU/g 期间的最初 6 ~ 8h。当细菌数超过 10^5 ~ 10^6 CFU/g 时，创伤即归为感染创而不是污染创。感染创通常很脏，并且覆盖有黏稠的渗出液。

【技能训练】

一、所需用品

纱布。

二、内容及步骤

1. 创伤部位应覆盖干的纱布，防止进一步损伤和污染。

2. 对有生命危险的动物应采取治疗，以稳定动物病情。

3. 对创伤进行评估和分类：创伤的时间、感染情况等（新鲜创、污染创、感染创、化脓创等）。

三、注意事项

1. 对受伤动物进行评估，有生命危险的应先急救。

2. 对于咬伤的动物，不仅要观察伤口，更要检查创腔，因为咬伤常伴有皮肤与组织撕裂，创腔若得不到及时治疗会化脓感染。

环节三　清创

【知识学习】

通过清洁灌洗创伤可有效去除创伤表面的细菌、异物及坏死组织。使用抗生素对预防或控制创伤后的外皮感染是有益的，小的或中等的污染创如果在 6 ~ 8h 内进行清洁处理，可不使用抗生素；污染严重的、挤压的创伤和感染创，或创伤超过 6 ~ 8h 的，应优先考虑抗生素疗法。

【技能训练】

一、所需用品

纱布、一次性注射器、过氧化氢消毒液、洗必泰冲洗液。

二、内容及步骤

1. 修剪并清理创口周围部位的被毛。

2. 清洁创面：用50mL注射器和18号针头，吸取3%过氧化氢高压冲洗创面，用生理盐水进行清洗，清除创腔内的坏死组织，并除去伤口上的异物，如沙土、血块、浓汁等。

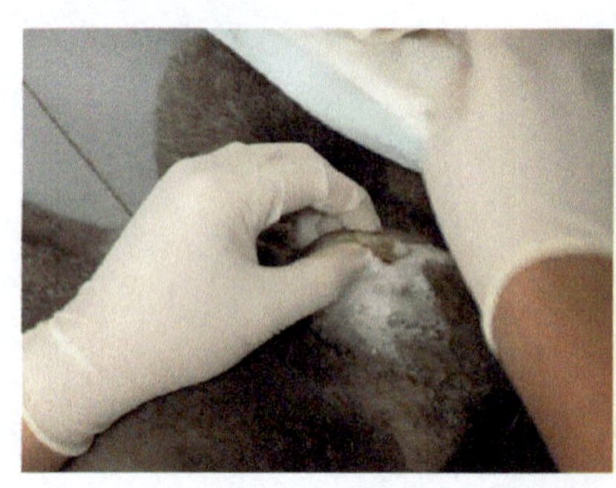
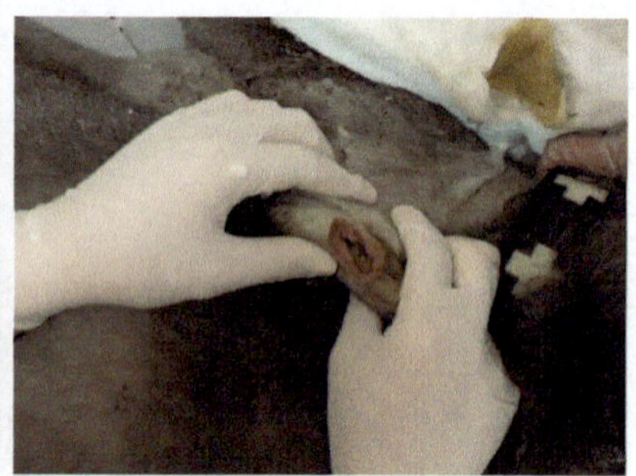

过氧化氢冲洗创面

3. 灌洗创伤：可用乳酸林格氏液、无菌生理盐水等彻底冲洗创伤，也可用含抗菌成分的灌洗液。

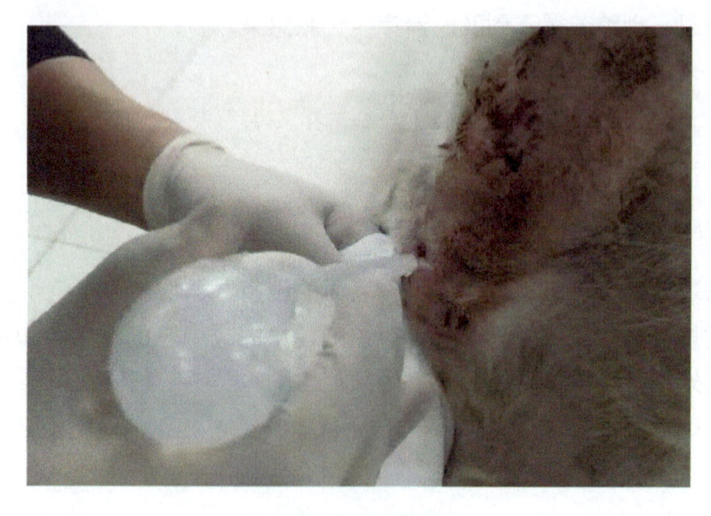

洗必泰冲洗伤口

三、注意事项

1. 伤口灌洗比用纱布或海绵擦拭好，因为纱布或海绵擦拭会引起组织破坏，并可能残留细菌，诱发炎症反应。

2. 灌洗伤口可机械性减少细菌数量，其中添加的防腐剂会损害组织，并且对易感染部位的细菌没有作用。

3. 灌洗液不要使用蒸馏水，否则会导致低渗组织损伤。

环节四 引流

【知识学习】

引流是为了从创伤里排除有害的液体(如血液、脓、血清)，有利于消除死腔。引流也是咬伤、撕裂、皮肤撕脱伤或分离、血肿和脓肿等必需的治疗方法。这里介绍被动引流的方法，即引流管插入动物皮下空间，依靠液体重力将其排空。

【技能训练】

一、所需用品

引流管、缝针、缝线。

二、内容及步骤

1. 按创腔的长度，截取长于创腔 1cm 的无菌导尿管作为引流管，并在管上剪孔。

2. 将引流管从创伤的最下沿轻轻插入创口，深入创腔达到底部后，再稍退出一些即可。

3. 确定位置后将暴露在外的引流管用缝线固定在皮肤上。

4. 使伤口保持干净，促进创伤愈合。

三、注意事项

1. 引流管末端必须插入创腔最深部，出口必须是创口的最底部，这样有利于液体的排出。

2. 应注意防止引流管滑脱。

环节五　缝合结扎

【知识学习】

缝合被视为创伤的异物。由于缝线会直接刺激创伤，成为细菌滋生的避风港，并且产生组织的局部缺血，因此尽量使用最小和最少的缝线缝合伤口。皮下组织应用圆针和可吸收缝线进行缝合，皮肤则使用三棱针和不可吸收缝线缝合，待伤口愈合应及时拆线。

【技能训练】

一、所需用品

三棱针、持针器、缝线、剪刀。

二、内容及步骤

1. 缝合：适当进行伤口缝合，用持针器钳住三棱针并穿缝合线，整理合拢伤口，在伤口一侧创缘 0.5cm 处进针到创底，再从另一侧创缘 0.5cm 处出针，然后打一方结，留 0.5cm 剪断缝线。而后每缝一针打一结，间隔 1cm，直至创口缝完。

2. 方结的器械打结：将止血钳放在缝线较长端与结扎物之间，用长线头端缝线环绕止血钳一圈后打结，即完成第一结，打第二结时用缝线沿相反方向环绕止血钳一圈后拉紧，完成一个方结。为防止方结松脱，一般要连打 3 ~4 个结。

三、注意事项

1. 缝合的创缘距及针间距须均匀一致，这样受力及分担的张力一致并且缝合严密，不致于发生泄漏。

2. 缝合时应注意全层缝合，不留死腔。

3. 结扎缝合线应注意张力，松紧度应以切口边缘紧密相接为准，过紧过松均会导致愈合不良。

【思考与讨论】

1. 什么是创伤?

2. 根据动物创伤的污染情况，可将创伤分为哪几类?

3. 对动物的创伤处理应经历哪些流程?

4. 什么是引流？为什么要对创伤进行引流？

5. 如何对创伤进行缝合？缝合时应注意哪些问题？

【考核评分】

一、技能考核评分表

序号	考核项目	测评人			综合成绩
		自我评价（15%）	小组互评（25%）	教师评价（60%）	
1	动物保定				
2	动物外伤处理工作流程与操作				
总成绩					

二、情感态度考核评分表

序号	考核项目	测评人			综合成绩
		自我评价（15%）	小组互评（25%）	教师评价（60%）	
1	团队合作能力				
2	组织纪律性				
3	职业意识性				
总成绩					

三、考核内容及评分标准

考核内容	考核项目	评分标准	
理论技能知识	动物保定	保定确实，姿势正确，能安抚动物，能配合操作人员完成动物外伤处理操作	20
		保定不确实，动物情绪不稳定，动物易挣脱	12
		无法选择对动物外伤处理有益的保定姿势，不能安抚动物，无法完成保定	0
	动物外伤处理流程与操作	动物外伤处理流程流畅，操作规范、熟练，完成效果好	50
		动物外伤处理流程衔接不流畅，工具选择和使用有错误，动物外伤处理操作比较规范，完成任务较困难	30
		无法正常进行操作，工具选择和使用有错误，动物的外伤处理操作不规范或无法完成操作	0

（续）

考核内容	考核项目	评分标准	
情感态度	团队合作能力	积极参加小组活动，团队合作意识强，组织协调能力强	10
		能够参与小组课堂活动，具有团队合作意识	6
		在教师和同学的帮助下能够参与小组活动，主动性差	0
	组织纪律性	严格遵守课堂纪律，无迟到早退，不打闹，学习态度端正	10
		遵守课堂纪律，有迟到早退现象，有时做与课程无关事宜，学习态度较好	6
		不遵守课堂纪律，迟到早退，做与上课无关事宜，并不听老师劝阻，态度差	0
	职业意识性	有较强的安全意识、节约意识、爱护动物的意识	10
		安全意识较差，节约意识不强，对动物不爱护	6
		安全意识差，节约意识差，对动物动作粗暴	0

任务五　包扎外固定

包扎外固定是小动物临床常见工作。动物体型、形态、损伤类型和部位有差异，使这项技术变得复杂并有挑战性。本节将以犬的腿部包扎为例，介绍包扎的常用技术，以及夹板固定的操作步骤。

【任务描述】

客户带一只腿部受伤的患犬到宠物医院就诊，医生经 X 光拍摄诊断为左前肢胫骨骨折，需由助理协助，按照犬的外伤处理操作规范进行腿部包扎外固定的治疗工作。

【任务目标】

1. 掌握犬包扎外固定工作的方法和操作流程。
2. 学会对犬包扎、夹板固定的操作技术。
3. 能够对犬进行包扎外固定。
4. 培养学生安全操作、团结合作、严谨细致的素养。

【任务流程】

保定—放置“马镫”和铸件垫—包扎—安置夹板—随访

环节一　犬的保定

【知识学习】

对骨折动物治疗，为了使断骨对齐，促进骨骼的生长，保定前应拍两张垂直角度的 X 光片，保定应在医生指导下进行。

【技能训练】

一、所需用品

伊丽莎白项圈。

二、内容及步骤

1. 为动物佩戴伊丽莎白项圈。

2. 助理协助医生使动物右侧卧保定，患肢朝上。

3. 由医生将腿骨对正，使关节成自然角度，将腿摆好。

三、注意事项

在进行包扎时，大多数情况下应保持好这个姿势。

环节二　放置“马镫”和铸件垫

【知识学习】

用两条胶布做成的“马镫”有助于确实保护腿部绷带的稳定和安全，使绷带不易滑脱；铸件片的主要作用是稳定骨折，使骨断端愈合，其次是使动物感觉更加舒适。

【技能训练】

一、所需用品

宽胶带、压舌板、脱脂棉、铸件垫、纱布、剪刀。

二、内容及步骤

1. 用2.5cm宽的胶带，在爪部及掌部内侧和外侧放置“马镫”，作为“马镫”的胶带应延伸至爪部末端以外10～15cm，每条胶带游离端应向内折叠，为分开胶带提供把手。暂时将胶带互相粘在一起，或用压舌板放在两个黏性面之间，使他们更容易分开。胶带不能放置在伤口或缝合部位上。

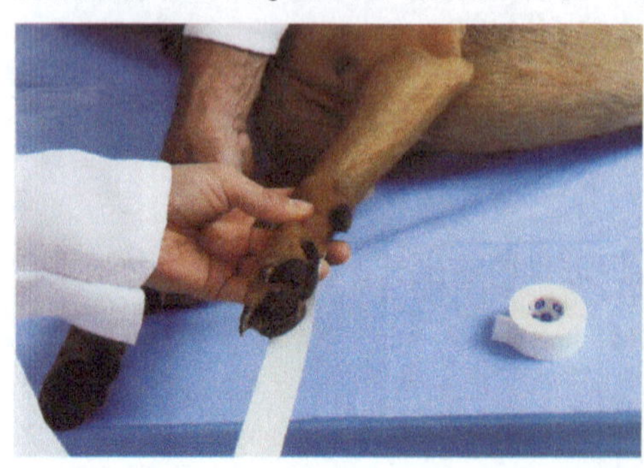
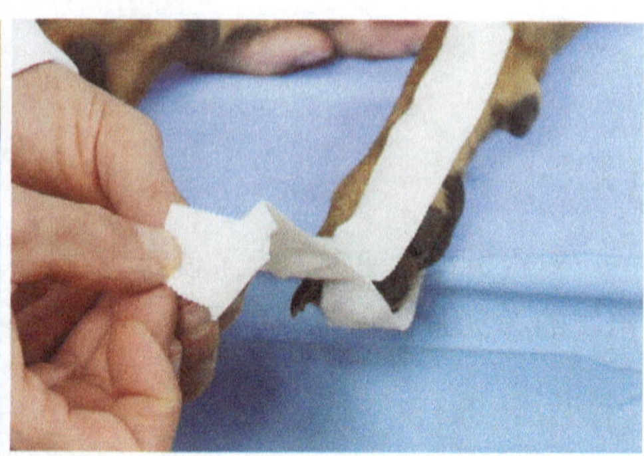

放置“马镫”

2. 在趾间和掌内侧爪垫表面放上小片的脱脂棉或铸件垫。

3. 需要骨骼折转突起或腕部脚垫上方的皮肤，应采取措施防止压迫伤口，即将反复折叠多次的纱布块中间剪洞，制成“面包圈”状铸件垫，将垫子放在突

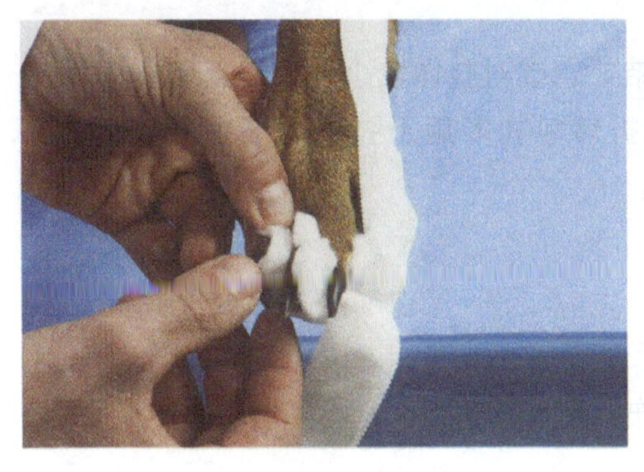

爪垫安置脱脂棉

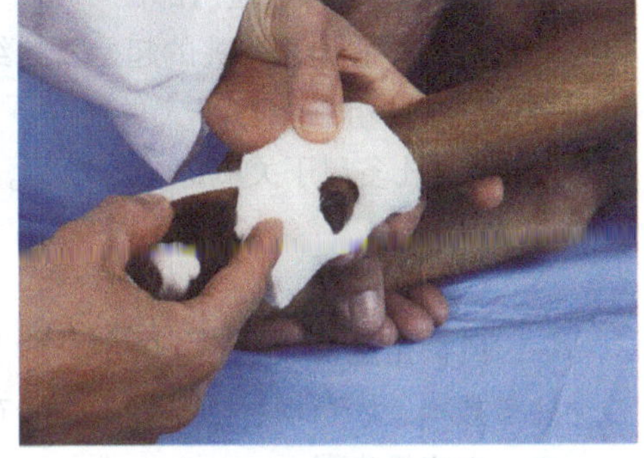

腕部安置铸件垫子

起上，将突起从孔内伸出。

三、注意事项

1. 若“马镫”、铸件垫及绷带因伤口引流而变湿，应及时更换。

2. “马镫”不能放置在伤口或缝合部位上。

环节三 包扎

【知识学习】

1. 绷带包扎方法

绷带包扎一般分为 3 层，分别是第一、第二及第三绷带层。

第一层又叫接触层，这层直接与伤口接触，有对组织进行清创、吸附渗出液、提供药物治疗的作用，其在伤口上形成密闭的密封层，从而促进伤口愈合。可选用高吸附性敷料、纱布敷料、高渗盐水敷料、保湿敷料等。如有外伤，需进行第一层包扎。

第二层作为中间层，主要功能是吸附，可帮助第一层绷带吸附来自伤口的血液、血清、渗出液、碎片、细菌和酶。同时第二层绷带还具有垫料功能，可保护伤口不受损伤，防止移动以及使第一层紧贴伤口。第二层使用材料包括疏松编织型吸附性包裹材料、外固定垫和吸附性棉花卷。如若没有外伤可直接使用第二层脱脂棉绷带进行包扎。

第三层是外层绷带，其主要功能是固定其他包扎层，并保护其不被外界污染。常用材料为弹性黏性绷带、密闭型防水胶带等。包扎时应注意松紧度及密闭性。

2. 常用包扎方法的适用部位

环形包扎一般用于包扎的起始及终结处，或对肢体较小部位进行包扎。螺旋包扎多用于肢体粗细相差不大的部位。折转包扎多用于肢体粗细相差较大的部位。“8”字包扎多用于关节部位的包扎。

【技能训练】

一、所需用品

纱布敷料、纱布块、纱布绷带、胶布、脱脂棉绷带、弹性绷带、剪刀。

二、内容及步骤

1. 包扎时，应由趾部开始，用第一层纱布敷料从腿的远端至近端进行螺旋缠绕。

(1) 先在趾部进行环形包扎：绷带环绕趾部包扎一周后，继续绕圈包扎，第二圈盖住第一圈，如此包扎3～4圈即可。

(2) 环形包扎后，进行螺旋包扎：绷带斜行缠绕，每圈压着前面绷带的1/2，螺旋向近心端缠绕。

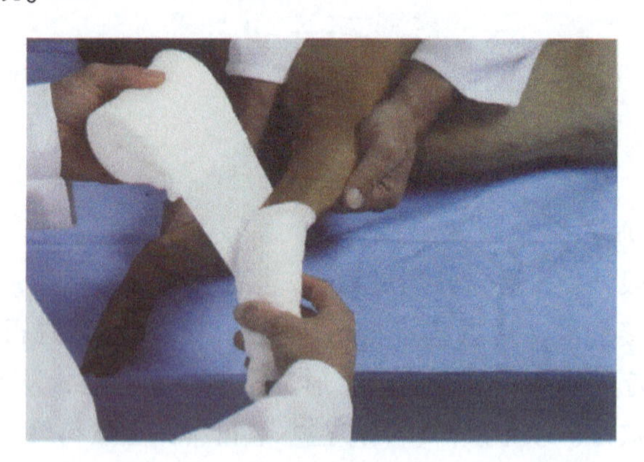

螺旋包扎

(3) 折转包扎：由于肌肉在大腿处突然变粗，因此从膝部至大腿的包扎应采用折转包扎，方法与螺旋包扎相似，只是在环绕一周后进行两次反折，继续包扎，反折不能压在伤口上。

(4) 包扎终结处进行两圈环形包扎，用胶带封止。

2. 下一层为第二层脱脂棉绷带，包扎方法同步骤1。

3. 分开用作“马镫”的胶带，将每条胶带扭转，使黏附面朝向绷带，然后向上折叠到绷带上，应当能够看到中间的两趾。

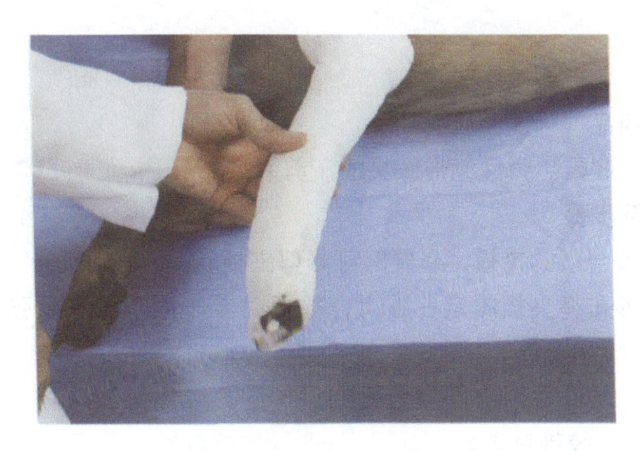

扭转“马镫”胶带，固定绷带

三、注意事项

1. 包扎过紧会限制内层绷带的吸附性，或可引起血管压迫、疼痛、脚爪水肿发凉或突然跛行，长时间包扎过紧可导致组织坏死。

2. 包扎物潮湿同样会影响绷带吸附性，可引起感染、发热，或出现潮湿性皮炎等症。

3. 包扎应严格按照技术步骤操作，防止松弛或夹板断裂。

4. 包扎敷料及绷带的选择可影响伤口愈合，若出现延迟愈合、不愈合或愈合不良的情况应考虑包扎材料及手法问题。

5. 若绷带因伤口引流而变湿，应及时更换。

6. 若出现腐臭气味，说明伤口感染坏死，应及时解除包扎，进行进一步治疗。

环节四　安置夹板

【知识学习】

夹板应根据动物体型、受伤位置及具体需要进行选择。金属夹板可根据需要裁剪来改变样式；热塑性塑料材料可用作铸件夹板，将它们在热水中加热，然后手工塑形以适应需要夹板固定的位置，这种材料也可以在受热情况下进行剪裁，冷却后，它们恢复为坚硬状态。

【技能训练】

一、所需用品

纱布绷带、胶带、弹性绷带、夹板、剪刀。

二、内容及步骤

1. 选择长度合适的夹板，必要时可修剪夹板。

2. 用卷轴纱布将夹板固定在腿上，放置时要牢固，但不要张力过大，放置方法同环节三。

3. 使用第三层弹性绷带作为最后的保护层，包扎方法同环节三，弹性绷带自带黏性，可不用胶带封止。

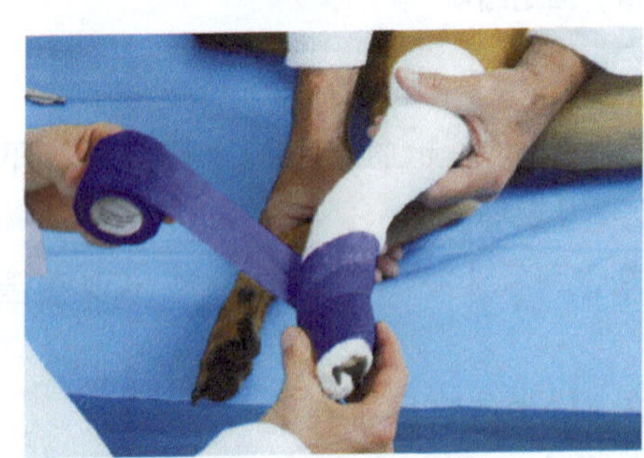
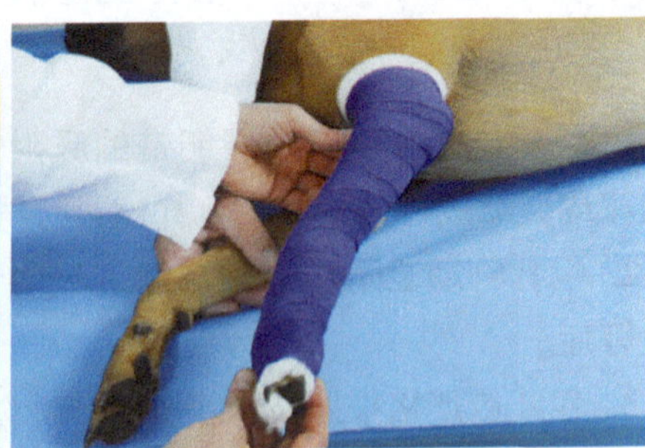

弹性绷带包扎

三、注意事项

1. 夹板应选择适宜的材质长度。

2. 若对夹板进行剪裁修饰，应在夹板剪裁侧的末端用胶带包裹，以免划伤动物皮肤。

环节五　随访

【知识学习】

对包扎固定的动物应进行随访，以检查包扎是否得当，固定是否有效，动物是否因包扎外固定而出现一些不良反应，及时正确的随访可预防以上情况的发生。

【随访内容】

1. 48h 内观察漏出的脚趾是否肿胀或包扎物是否脱落。

2. 如需手术，应在术后进行 X 光检查，两个方位投照，骨折部位必须 50% 对合，以免出现不愈合或延迟愈合。

3. 限制活动，每天检查两次，保持包扎物干燥。

4. 如果有外伤的要随时观察是否有腐臭气味。

5. 包扎治疗后 7 ~ 14d 需进行复诊。

【技能拓展】

"8"字包扎：多用于关节部位的包扎，也可作为固定在胸、肩及胯部进行包扎。

在关节上方开始做环形包扎数圈，然后将绷带斜行缠绕，一圈在关节下缠绕，两圈在关节凹面交叉，反复进行，每圈压过前一圈的 1/2，反复数次，直到绷带包扎限制关节活动为止。

【思考与讨论】

1. 应如何安置"马镫"？
2. 包扎的方式有哪些？分别在哪些部位可以采取上述包扎方法？
3. 动物进行包扎固定需注意哪些问题？
4. 如何为动物安置夹板？
5. 对受伤动物的随访内容有哪些？

【考核评分】

一、技能考核评分表

序号	考核项目	测评人			综合成绩
		自我评价（15%）	小组互评（25%）	教师评价（60%）	
1	动物保定				
2	动物包扎外固定流程与操作				
总成绩					

二、情感态度考核评分表

序号	考核项目	测评人			综合成绩
		自我评价（15%）	小组互评（25%）	教师评价（60%）	
1	团队合作能力				
2	组织纪律性				
3	职业意识性				
总成绩					

三、考核内容及评分标准

考核内容	考核项目	评分标准	
理论技能知识	动物保定	保定确实，姿势正确，能安抚动物，能配合操作人员完成包扎外固定操作	20
		保定不确实，动物情绪不稳定，动物易挣脱	12
		无法选择对包扎外固定有益的动物保定姿势，不能安抚动物，无法完成保定	0
	动物包扎外固定流程与操作	包扎流程衔接流畅，操作规范、熟练，完成效果好	50
		包扎流程不流畅，松紧不合适，动物包扎固定操作比较规范，完成任务较困难	30
		无法正常进行包扎，过紧或过松，动物包扎操作不规范或无法完成包扎固定操作	0
情感态度	团队合作能力	积极参加小组活动，团队合作意识强，组织协调能力强	10
		能够参与小组课堂活动，具有团队合作意识	6
		在教师和同学的帮助下能够参与小组活动，主动性差	0
	组织纪律性	严格遵守课堂纪律，无迟到早退，不打闹，学习态度端正	10
		遵守课堂纪律，有迟到早退现象，有时做与课程无关事宜，学习态度较好	6
		不遵守课堂纪律，迟到早退，做与上课无关事宜，并不听老师劝阻，态度差	0
	职业意识性	有较强的安全意识、节约意识、爱护动物的意识	10
		安全意识较差，节约意识不强，对动物不爱护	6
		安全意识差，节约意识差，对动物动作粗暴	0

任务六　穿刺

穿刺术是将穿刺针刺入体腔抽取分泌物做化验或向体腔注入气体或造影剂做造影检查或向体腔内注入药物的一种诊疗技术。根据穿刺部位不同，可分为腹腔穿刺、胸腔穿刺、膀胱穿刺等。穿刺技术是宠物临床常用的诊疗技术，是宠物医师助理的必备专业技能。

【任务描述】

某客户带一条无法正常排尿的病犬到宠物医院就诊，医生经过检查发现动物患有尿道结石，并伴有腹水，需进行膀胱穿刺并抽取腹水进行检验。要求助理按照操作规范进行膀胱穿刺及腹腔穿刺的实施工作。

【任务目标】

1. 掌握动物穿刺技术的方法和操作流程。
2. 通过本项任务，学会对犬进行腹腔穿刺的操作技术。
3. 能够对犬进行腹腔穿刺。
4. 培养学生安全操作、团结合作、严谨细致的素养。

【任务流程】

动物保定—膀胱穿刺—腹腔穿刺

环节一　犬的保定

【知识学习】

动物长时间无尿，可触诊其腹部，若膀胱充盈，且用手挤压并没有尿液流出，说明可能尿路阻塞，可通过膀胱穿刺，直接将尿液排出。动物进行膀胱穿刺应采取侧卧保定姿势。

对动物进行腹腔触诊，有波动感，提示或有腹水，可通过腹腔穿刺抽取腹水进行检验，腹腔穿刺时可采取站立保定或侧卧保定。

【技能训练】

一、所需用品

伊丽莎白项圈。

二、内容及步骤

1. 膀胱穿刺保定：将动物置于诊疗台上，使动物侧卧，固定前驱，后腿一腿固定在诊疗台上，一腿后拉或半仰卧保定，露出腹壁。

2. 腹腔穿刺保定：动物侧卧保定，或站立保定，应使四肢分别向外抻拉，露出腹壁。

环节二　膀胱穿刺

【知识学习】

膀胱穿刺可用于因尿道阻塞引起的急性尿潴留，可缓解膀胱的内压，防止膀胱破裂。另外，经膀胱穿刺采集的尿液，可以减少在动物排尿过程中收集尿液的污染，使尿液的化验和细菌培养结果更为准确，也可减少因导尿引起医源性尿道感染的机会。

【技能训练】

一、所需用品

电剪、酒精棉球、0.5%盐酸利多卡因溶液、穿刺套管针、一次性注射器、碘酊棉球。

二、内容及步骤

1. 术部为耻骨前缘3～5 cm处腹白线一侧腹底壁处。也可根据膀胱充盈程度确定其穿刺部位。术部剪毛、消毒，0.5%盐酸利多卡因溶液局部浸润麻醉。

2. 膀胱充满时，可选16～18号带胶管针头，一手扶膀胱，另一手持针刺入，当刺入膀胱时，会有尿液从针头后胶管处射出。

3. 可持续地放出尿液，以减轻膀胱压力。

4. 如进行膀胱穿刺采尿，操作者一手隔着腹壁固定膀胱，另一手持接有7～9号针头的注射器，针头与皮肤呈45°角向骨盆方向刺入膀胱，回抽注射器活塞，如有尿液，证明针头在膀胱内，并将尿液立即送检化验或细菌培养。

5. 穿刺完毕，拔下针头消毒术部。

三、注意事项

1. 膀胱穿刺过程中要严格遵守无菌操作，防止尿路感染。

2. 膀胱穿刺适应症：急性尿潴留导尿未成功，或经穿刺采取膀胱尿液作检验及细菌培养。

环节三　腹腔穿刺

【知识学习】

腹腔穿刺指通过穿刺腹壁，排出腹腔液体，减轻腹内压，也可确定其穿刺液性质（渗出液或漏出液），进行细胞学和细菌学诊断，以及腹腔输液和腹腔麻醉等。

【技能训练】

一、所需用品

电剪、酒精棉球、0.5%盐酸利多卡因溶液、穿刺套管针、一次性注射器、碘酊棉球。

二、内容及步骤

1. 术部剪毛：于耻骨前缘腹白线一侧2～4cm处电剪剃毛。
2. 术部用酒精棉球涂抹消毒。
3. 0.5%盐酸利多卡因溶液局部浸润麻醉。
4. 用套管针或14号针头垂直刺入腹壁，深度2～3cm。
5. 抽吸注射器，如有腹水经针头流出，使动物站起，以利液体排出或抽吸。
6. 腹腔积液抽吸完毕后，拔下针头，碘酊消毒。

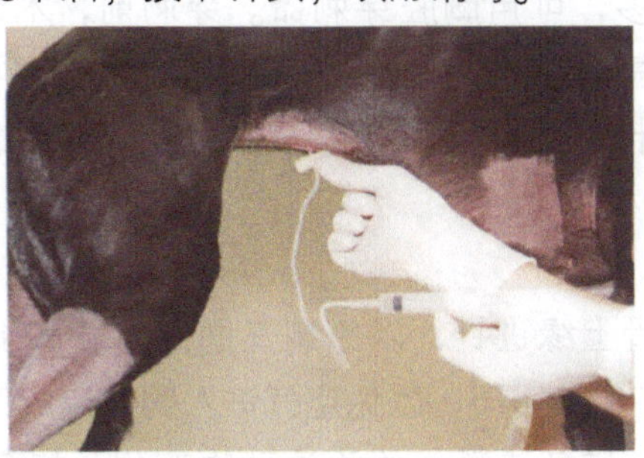

针头垂直刺入动物腹壁用注射器抽吸

三、注意事项

1. 注意无菌操作，以防止腹腔感染。

2. 放液不宜过快、过多，放液过程中要注意腹水的颜色变化。

3. 放腹水时若流出不畅，可将穿刺针稍作移动或稍变换体位。

【技能拓展】

胸腔穿刺指从胸腔抽吸积液或气体。胸腔穿刺可用于抽出气体治疗气胸，抽出胸膜腔内炎性渗出液、冲洗胸腔和注入药物治疗胸膜炎，解除呼吸窘迫症状等。抽出液体可用于化验积液性质、进行细菌学检查和细菌培养等。

胸腔穿刺的穿刺部位一般选在病侧肩端水平线与第4～7肋间隙交点。若胸腔积液，其穿刺点在第4～7肋间下1/3处；气胸者，则在其上1/3处。或根据胸部X射线检查结果(是胸腔积液还是气胸)，确定其穿刺点。

一、所需用品

电剪、酒精棉球、0.5%盐酸利多卡因溶液、穿刺套管针、一次性注射器、碘酊棉球。

二、内容及步骤

1. 动物站立保定为宜，也可侧卧保定。

2. 术部剪毛、消毒，用0.5%盐酸利多卡因溶液局部浸润麻醉。

3. 选12～14号注射针头，后接一根6～8cm长胶管，长肢管再与带有三通开关的注射器(20mL)连接。

4. 通常针头在欲穿刺点后一肋间穿透皮肤，沿皮下向前斜刺至穿刺点肋间，再垂直穿透胸壁。一旦进入胸腔，阻力突然减少，停止推进，并用止血钳在皮肤上将针头钳住，以防针头刺入过深损伤肺脏。

5. 打开三通开关，抽吸胸腔积液或气体。

6. 如胸腔积液很多，可用胸腔穿刺器。穿刺前，术部皮肤应先切一小口，再经此切口按上述方法将其刺入胸腔。拔出针芯，其套管再插一长30cm聚乙烯导管至胸底壁。拔出针套，将导管固定在皮肤上。导管远端接一个三通开关注射器，可连续抽吸排液。

三、注意事项

1. 穿刺应紧贴肋骨上缘进针，以免刺伤肋间血管和神经。并应使针、乳胶管或三通开关、针筒等保持密闭，以免空气进入胸内造成气胸。

2. 在穿刺过程中应避免咳嗽，并关注动物变化，如有黏膜苍白、脉搏变弱等症状，应立即停止穿刺。

【思考与讨论】

1. 什么是腹腔穿刺？腹腔穿刺有哪些检查治疗作用？
2. 腹腔穿刺的穿刺位置在哪里？
3. 如何进行膀胱穿刺？穿刺时有哪些注意事项？
4. 还有哪些穿刺方法？其适应症分别是什么？

【考核评分】

一、技能考核评分表

序号	考核项目	测评人			综合成绩
		自我评价（15%）	小组互评（25%）	教师评价（60%）	
1	动物保定				
2	动物穿刺流程与操作				
总成绩					

二、情感态度考核评分表

序号	考核项目	测评人			综合成绩
		自我评价（15%）	小组互评（25%）	教师评价（60%）	
1	团队合作能力				
2	组织纪律性				
3	职业意识性				
总成绩					

三、考核内容及评分标准

考核内容	考核项目	评分标准	
理论技能知识	动物保定	保定确实，姿势正确，能安抚动物，能配合操作人员完成穿刺操作	20
		保定不确实，动物情绪不稳定，动物易挣脱	12
		无法选择对保定有益的动物保定姿势，不能安抚动物，无法完成保定	0
	动物穿刺流程与操作	穿刺工作流程流畅，操作规范、熟练，完成效果好	50
		动物穿刺流程不流畅，穿刺部位选择有误差，注射器使用不流畅，动物穿刺操作比较规范，完成任务较困难	30
		无法正常进行操作，穿刺部位进针深度严重误差，动物穿刺操作不规范或无法完成操作	0

（续）

考核内容	考核项目	评分标准	
情感态度	团队合作能力	积极参加小组活动，团队合作意识强，组织协调能力强	10
		能够参与小组课堂活动，具有团队合作意识	6
		在教师和同学的帮助下能够参与小组活动，主动性差	0
	组织纪律性	严格遵守课堂纪律，无迟到早退，不打闹，学习态度端正	10
		遵守课堂纪律，有迟到早退现象，有时做与课程无关事宜，学习态度较好	6
		不遵守课堂纪律，迟到早退，做与上课无关事宜，并不听老师劝阻，态度差	0
	职业意识性	有较强的安全意识、节约意识、爱护动物的意识	10
		安全意识较差，节约意识不强，对动物不爱护	6
		安全意识差，节约意识差，对动物动作粗暴	0

任务七　导尿

导尿是指用人工的方法诱导动物排尿或用导尿管将尿液排出。临床上常用导尿法收集尿液化验、排尿，也可进行膀胱冲洗或给药。

【任务描述】

客户带一公一母两只犬到宠物医院就诊，医生为采集尿样进行尿液分析，要求助理按照操作规范，分别对两犬进行导尿采集尿样的实施工作。

【任务目标】

1. 掌握公犬和母犬导尿技术的方法和流程。
2. 通过本项任务，学会对公犬、母犬的导尿操作技术。
3. 能够对公犬及母犬进行导尿。
4. 培养学生安全操作、团结合作、严谨细致的素养。

【任务流程】

公犬的导尿：保定—安置导尿管—导尿

母犬的导尿：保定—安置导尿管—导尿

环节一　公犬的导尿　犬的保定

对犬进行侧卧保定或仰卧保定，两后肢向后拉伸，暴露腹底部，长腿犬也可站立保定。

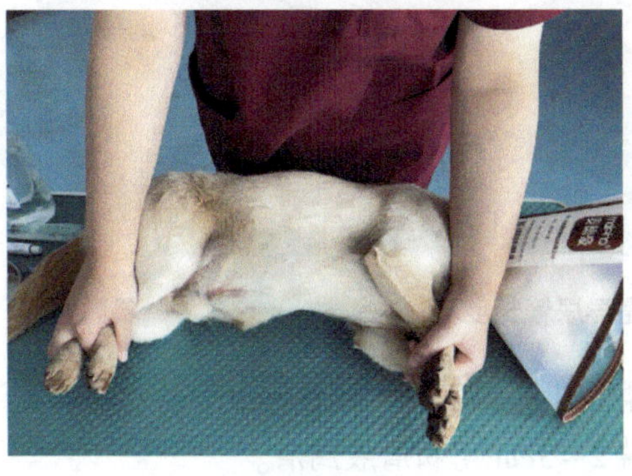

侧卧保定

环节二　安置导尿管

【知识学习】

导尿技术常用于：①采集尿样进行尿液分析或培养；②肾功能研究时，精确采集尿量；③监测尿量；④X 线检查时注入造影剂；⑤评估尿道结石、肿块或狭窄；⑥怀疑膀胱肿瘤时，采集尿样进行细胞学评估；⑦缓解结构性或功能性尿道阻塞。

对雄性动物导尿时，导尿管直接从阴茎末端的尿道开口插入，导尿管的放置必须采用无菌技术，即在操作过程中保持组织、设备、器械、人员及周围环境的无菌状态。这就要求患病动物周围能接触到的物品不能带有任何微生物。因为这是一种侵入性的操作，污染的导尿管可能会造成动物尿道的感染。

【技能训练】

一、所需用品

灭菌手套、生理盐水、抗菌液、润滑剂、导尿管、纱布、一次性注射器。

二、内容及步骤

1. 将导尿管靠近犬体侧，估计导尿管需要插入的长度。

2. 将阴茎从基部推向头侧，同时将包皮推向尾侧露出阴茎。保持这个动作，使阴茎暴露。

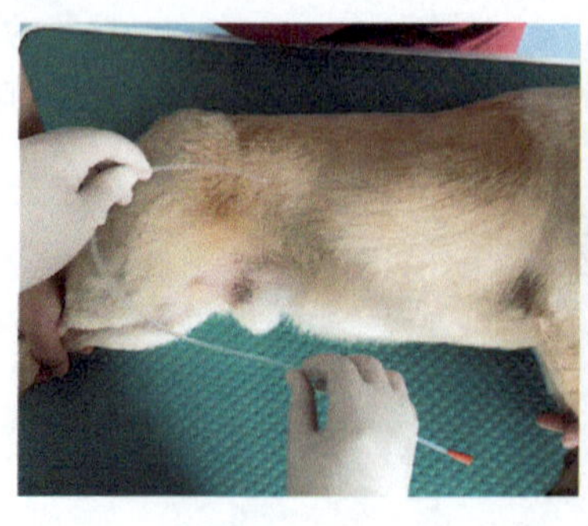

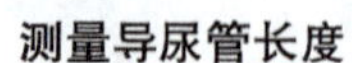

测量导尿管长度

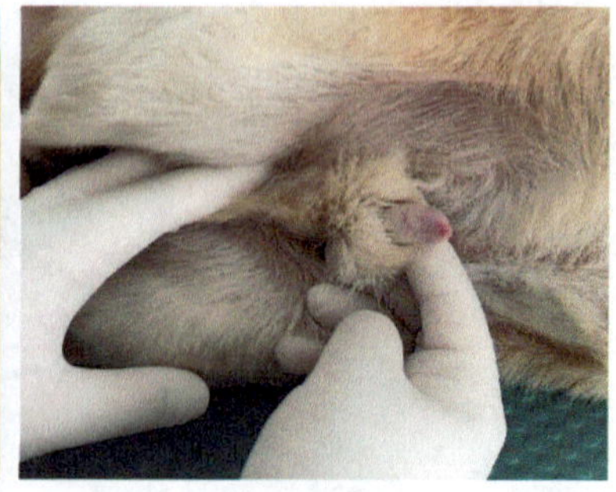

暴露阴茎

3. 用抗菌液轻柔的冲洗阴茎头，然后用生理盐水将抗菌液冲洗掉。

4. 将导尿管前端 2 ~ 3cm 用润滑液润滑。

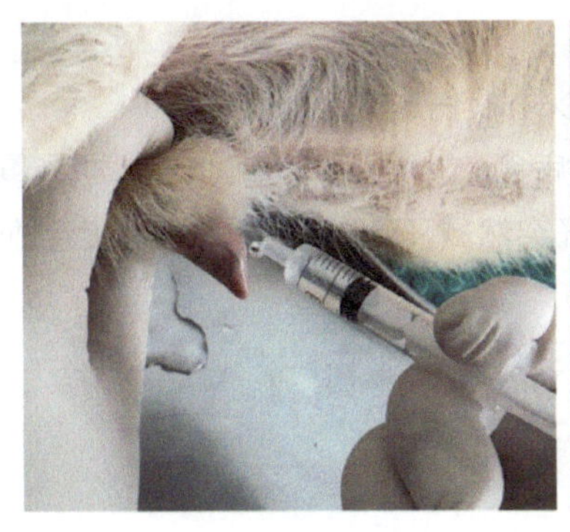
清洁阴茎头

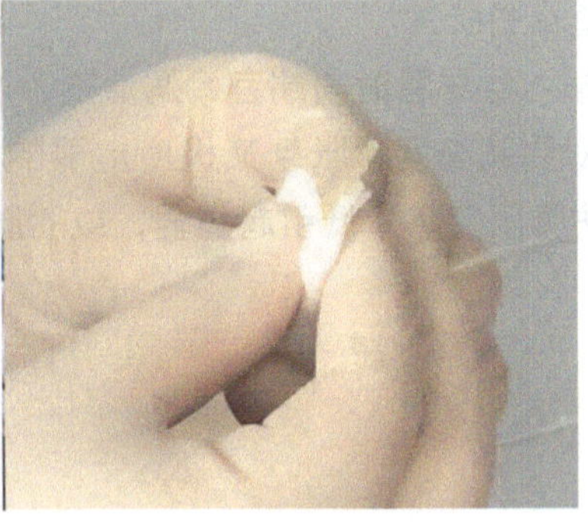
润滑导尿管

5. 助手一手固定阴茎头，一手持导尿管从尿道口慢慢插入尿道内或用止血钳夹持导尿管徐徐推进。

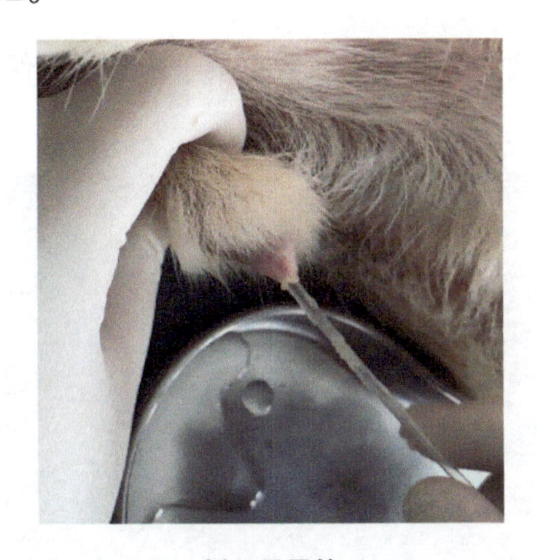
插入导尿管

6. 导尿管通过坐骨弓尿道弯曲部时常发生困难，可用手指按压会阴部皮肤或稍退回导尿管调整其方位重新插入。

7. 通过坐骨弓阴茎弯曲部，导尿管易进入膀胱，注意不要插入过深。

8. 尿液流出，丢弃初始的5～6mL尿液后，连接注射器抽吸，采集尿液进行尿液分析和培养。

9. 抽吸完毕，注入抗生素溶液于膀胱内，拔出导尿管。

三、注意事项

1. 所用物品必须严格灭菌，并按无菌操作进行，以预防尿路感染。

2. 选择光滑和粗细适宜的导尿管，插管动作要轻柔。防止粗暴操作，以免损伤尿道及膀胱壁。

3. 插入导尿管时前端宜涂润滑剂，以防损伤尿道黏膜。

4. 对膀胱高度膨胀且又极度虚弱的病犬猫，导尿不宜过快，导尿量不宜过多，以防腹压突然降低引起虚弱，或膀胱突然减压引起黏膜充血，发生血尿。

环节三　母犬的导尿　犬的保定

【技能训练】

一、所需用品

保定绳、一次性注射器、舒泰。

二、内容及步骤

1. 犬站立保定，或俯卧使其后肢脱离桌子末端，用保定绳，将动物后肢绑在桌边。

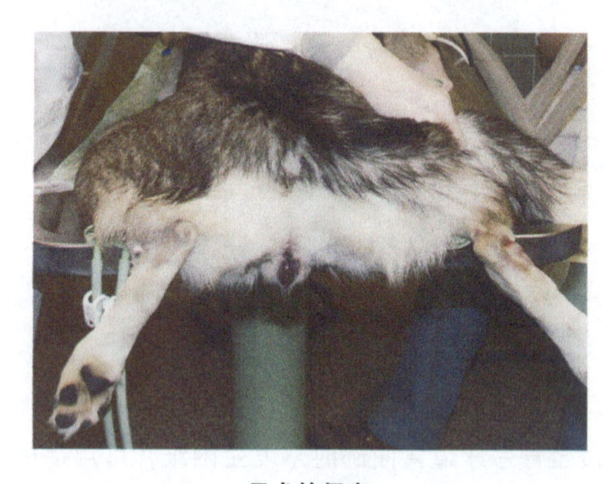

母犬的保定

2. 若动物挣扎剧烈，可肌肉注射小剂量舒泰，使动物镇静。

环节四　安置导尿管

【知识学习】

对于雌性动物，导尿管通过阴门进入位于阴道底部的外括约肌内，对比为雄性动物导尿要更加困难。导尿时应严格采取无菌技术，同时避免动物挣扎保定人员应对动物保定确实。

【技能训练】

一、所需用品

灭菌手套、生理盐水、抗菌液、润滑剂、导尿管、纱布、一次性注射器、阴道张开器、光源。

二、内容及步骤

1. 用抗菌液清洗外阴周围皮肤及阴门，然后用生理盐水将抗菌液冲洗掉。

2. 用一次性注射器抽吸灭菌生理盐水，冲洗阴道前庭。

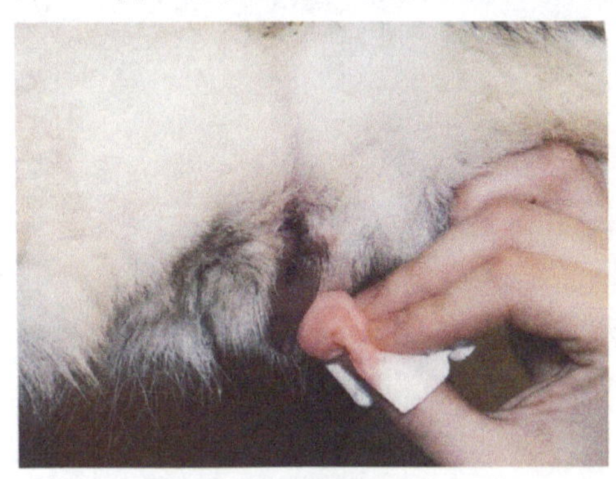

外阴消毒

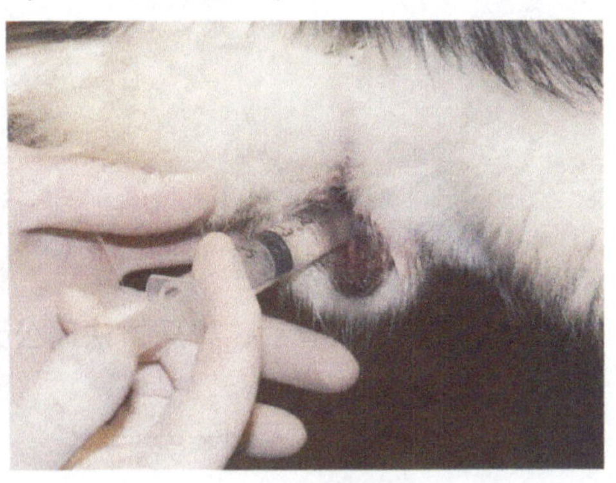

冲洗阴道前庭

3. 使阴道张开器插入阴唇后，靠向背侧，打开阴道张开器的双臂以扩张阴道腔，使用光源，使阴道结节和尿道口可视。

4. 在阴道腹侧壁定位一个小的阴道结节，可以看到尿道口。

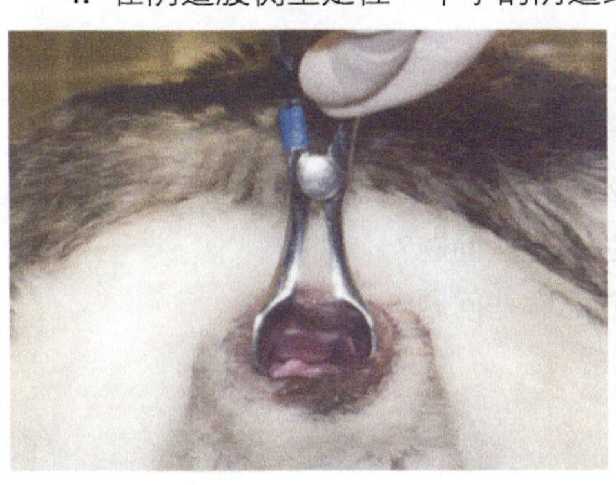

阴道张开器扩张阴道

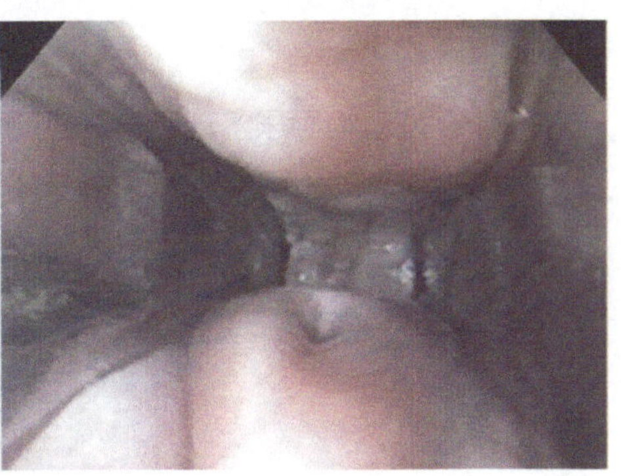

尿道口

5. 润滑液润滑导尿管头部。

6. 轻柔地将导尿管头部插入尿道口，继续将刀插入膀胱腔内，避免插入过深。

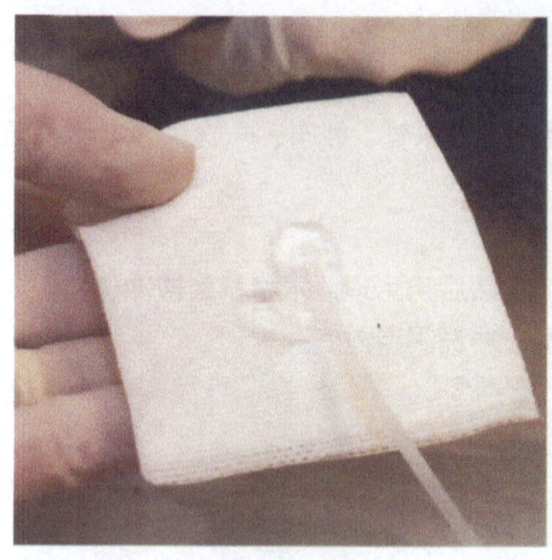

润滑导尿管

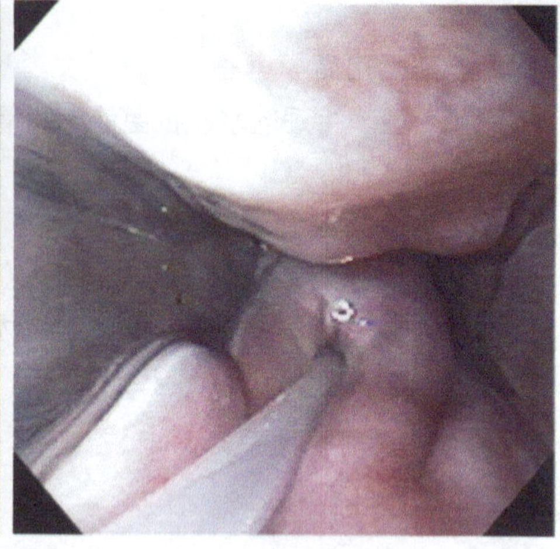

安置导尿管

7. 安置好导尿管后，导尿方法同公犬。

三、注意事项

1. 母犬导尿应避开阴蒂窝。

2. 对大型母犬通常在指触引导下安置导尿管，即润滑食指，伸入阴道内，从阴门腹侧联合处插入导尿管，沿阴道腹侧壁用食指引导导尿管插入，尽管尿道口不是总能被触诊到，但当导尿管在阴道腹侧消失时即可确认导尿管已进入尿道。

【思考与讨论】

1. 什么是动物导尿？动物导尿可用于哪些检查和治疗工作？
2. 动物导尿时为何要采取无菌技术？
3. 如何为公犬进行导尿？导尿时应注意哪些问题？
4. 如何对母犬进行导尿？导尿时应注意哪些问题？

【考核评分】

一、技能考核评分表

序号	考核项目	测评人			综合成绩
		自我评价（15%）	小组互评（25%）	教师评价（60%）	
1	动物保定				
2	动物导尿流程与操作				
总成绩					

二、情感态度考核评分表

序号	考核项目	测评人			综合成绩
		自我评价（15%）	小组互评（25%）	教师评价（60%）	
1	团队合作能力				
2	组织纪律性				
3	职业意识性				
总成绩					

三、考核内容及评分标准

考核内容	考核项目	评分标准	
理论技能知识	动物保定	保定确实，姿势正确，能安抚动物，能配合操作人员完成公犬、母犬的导尿操作	20
		保定不确实，动物情绪不稳定，动物易挣脱	12
		无法选择对动物导尿有益的保定姿势，不能安抚动物，无法完成保定	0
	动物导尿流程与操作	导尿工作流程流畅，操作规范、熟练，完成效果好	50
		导尿工作流程不熟悉，难以插入导尿管，动物导尿操作比较规范，但完成任务较困难	30
		无法正常进行操作，导尿工作步骤错误，动物导尿操作不规范或无法完成操作	0

（续）

考核内容	考核项目	评分标准	
情感态度	团队合作能力	积极参加小组活动，团队合作意识强，组织协调能力强	10
		能够参与小组课堂活动，具有团队合作意识	6
		在教师和同学的帮助下能够参与小组活动，主动性差	0
	组织纪律性	严格遵守课堂纪律，无迟到早退，不打闹，学习态度端正	10
		遵守课堂纪律，有迟到早退现象，有时做与课程无关事宜，学习态度较好	6
		不遵守课堂纪律，迟到早退，做与上课无关事宜，并不听老师劝阻，态度差	0
	职业意识性	有较强的安全意识、节约意识、爱护动物的意识	10
		安全意识较差，节约意识不强，对动物不爱护	6
		安全意识差，节约意识差，对动物动作粗暴	0

任务八　安置鼻饲管

安置鼻饲管是为了让食欲废绝或无法吞咽食水的动物，能通过从鼻插入至食道的饲管进行人工投喂。在宠物临床上，许多慢性消耗性疾病的动物需要通过鼻饲的方式投喂食物和药品，因此正确安置鼻饲管是宠物医师助理的必备专业技能。

【任务描述】

医生对住院部患肝脏脂质沉积综合症的病猫进行鼻饲喂食喂药，需要助理按照操作规程，对患病动物进行安置鼻饲管的实施工作。

【任务目标】

1. 掌握安置鼻饲管的方法和流程。
2. 通过本任务，学会对动物进行鼻饲给药。
3. 学会对猫安置鼻饲管。
4. 培养学生安全操作、团结合作、严谨细致的素养。

【任务流程】

猫的保定—截取鼻饲管—安置鼻饲管—鼻饲

环节一　猫的保定

【知识学习】

为动物安置鼻饲管的常用保定姿势为俯卧保定或坐式保定，一般来说，需要插鼻饲管的猫大多精神状态很差，无力剧烈反抗，所以徒手保定即可；对挣扎剧烈的猫，可用毛巾保定或猫袋保定；对患脂肪肝的动物，尽量避免化学保定。

【技能训练】

一、所需用品

毛巾、猫袋。

二、内容及步骤

1. 徒手保定：用毛巾捂住猫头部或缠住颈部，一手抓住耳后颈部皮肤，另一手保定前后肢。

2. 猫袋保定：猫袋是用厚棉布或帆布缝制的圆桶形保定袋，长度与猫体长相当，两端穿上可以抽动的绳子，可按需要抽紧或打开袋口，使用时将猫从一端装入袋内，使头部露出。

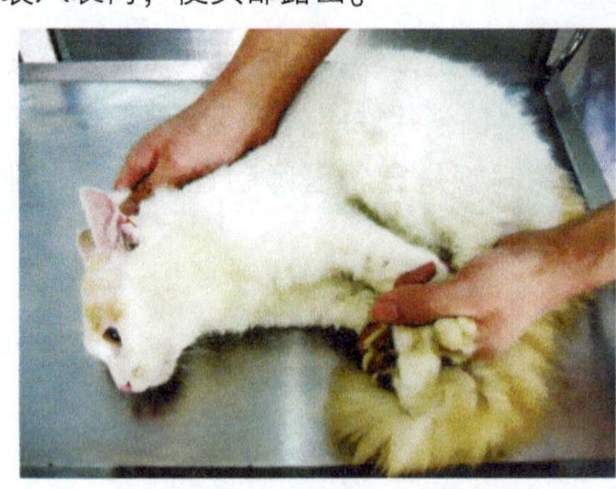

猫的徒手保定

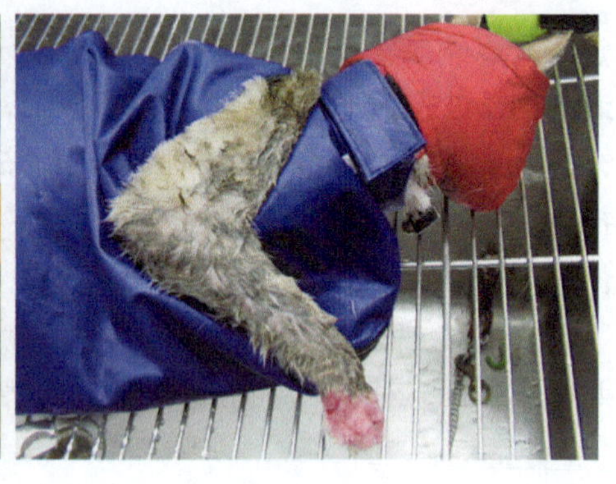

猫袋保定

三、注意事项

1. 保定猫时，保定人员一定要捉紧猫的四肢，以免逃脱后抓伤自己和他人。
2. 保定猫的四肢时，应小心猫咪指甲刺破保定者手部。
3. 保定猫时，应关紧门窗，以免猫咪挣脱逃逸。

环节二　截取鼻饲管

【知识学习】

鼻饲管长度应从鼻孔到最后肋骨(胃内)或第七、八肋骨(食道后段)。

【技能训练】

一、所需用品

鼻饲管、记号笔、剪刀。

二、内容及步骤

1. 将鼻饲管一头比在鼻孔处，沿鼻腔、咽、喉、食道、胃的解剖位置贴于动物体侧，眼观长度。

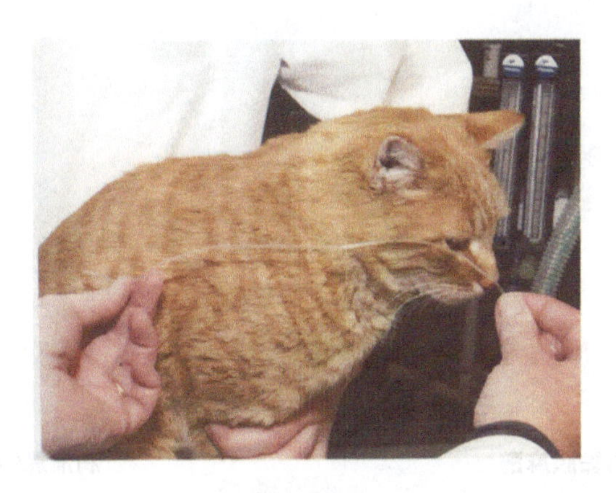

测量鼻饲管长度

2. 于鼻饲管在最后肋骨(胃内)或第七、八肋骨(食道后段)位置，用记号笔做好标记。

3. 标记位置后10~15cm处剪断。

三、注意事项

1. 鼻饲管长度适宜，若管末端的位置靠前，动物容易发生呕吐。

2. 长时间放置鼻饲管，应将管末端长度留于食道后段，避免胃食道反流和食道炎。

环节三　安置鼻饲管

【知识学习】

鼻饲管为不能经口进食的动物，建立进入胃或食道的通路。主要用于提供厌食或无法进食的犬猫一个经胃肠道的营养补给途径。目前主要用于猫肝脏脂质沉积综合症，犬发生胃扩张需要减压时也可应用。

【技能训练】

一、所需用品

鼻饲管、局部麻醉药、红霉素软膏、手术弯针、缝线。

二、内容及步骤

1. 抬高动物头部，向动物鼻孔中滴入几滴局部麻醉药，保证鼻黏膜的麻醉效果；对反抗挣扎的动物可采用轻度的全身麻醉。

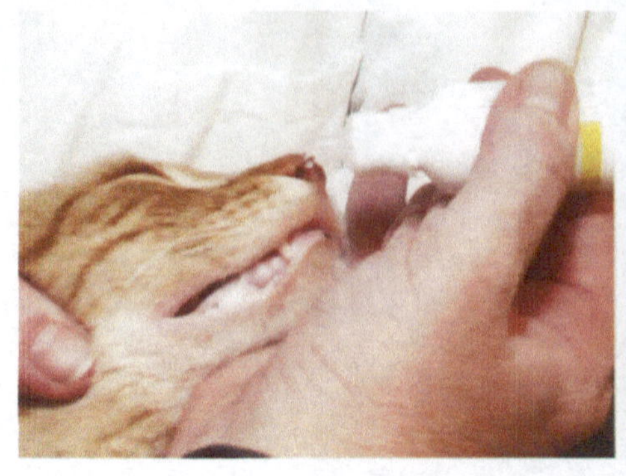
鼻内黏膜麻醉

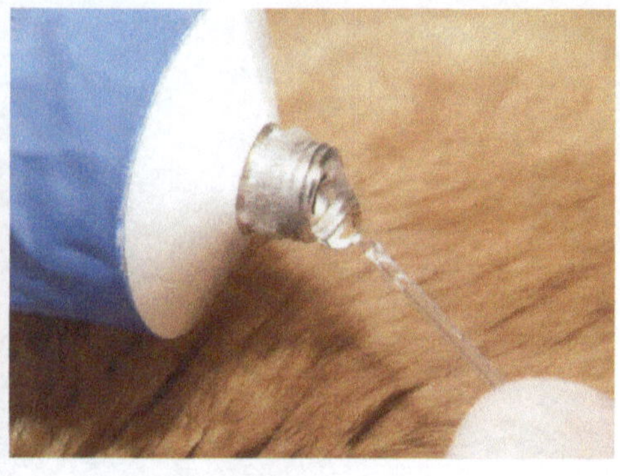
润滑鼻饲管

2. 在鼻饲管一端涂抹凝胶或红霉素软膏以起到润滑的效果。

3. 操作者一手固定动物头部，一手持鼻饲管缓缓插入动物麻醉的鼻孔中。在插管过程中要防止动物喷嚏或甩头将鼻饲管喷出。将鼻饲管插入至标记处。

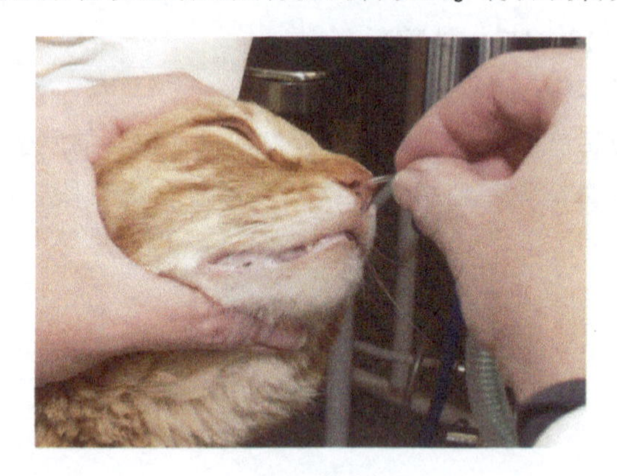
插入鼻饲管

4. 检查鼻饲管是否进入胃内或食道后段，方法如下：

(1)向管内注射2～3mL灭菌生理盐水，不引起动物呛咳，说明插管正确；

(2)管内注射5～10mL空气，动物剑状软骨处有腹鸣，说明插管正确；

(3)胸部超声或拍摄胸部侧位X光片也可检查鼻饲管位置。

若鼻饲管插入气管中，需拔出，重新操作；若插管正确，可进行后续操作。

5. 鼻饲管鼻腔外的部分，在动物鼻背侧及额头处做结节缝合，将其固定在皮肤上，避免动物抓挠，拽出鼻饲管。对于猫咪来说，要避免鼻饲管接触猫咪胡须，否则会激怒猫咪，因此要将管固定确实。

6. 在封闭鼻饲管前，应向管内注射少许水用以排空空气，同时也能防止胃内容物反流，阻塞鼻饲管。

三、注意事项

1. 安置鼻饲管后必须先确定导管确实插入食道中，若鼻饲管误入气管，当通过鼻饲管给药或流食，会造成肺内异物，导致动物死亡。

2. 安置鼻饲管后，应立即给患病动物戴好伊丽莎白项圈，防止动物抓挠鼻饲管，直到动物适应后，才能取下。

环节四　鼻饲

【知识学习】

医生可通过鼻饲管对动物进行口服给药，也可为动物饲喂流食。

【技能训练】

一、所需用品

安置好鼻饲管的猫、猫罐头、搅拌机、注射器、生理盐水。

二、内容及步骤

1. 将猫罐头放入搅拌机中，加水后进行搅拌，打成稀糊状。
2. 拔掉一次性注射器针头，吸取罐头液。
3. 打开鼻饲管塞，将罐头液推入鼻饲管中。
4. 动物鼻饲投喂过后，应注入1～2mL蒸馏水冲洗导管。
5. 拔出鼻饲管时，应用手指封住管末端后，再做拔出。

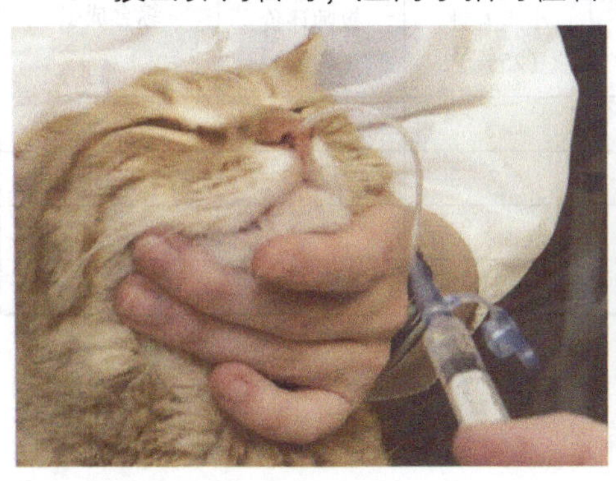

鼻饲后用水冲洗

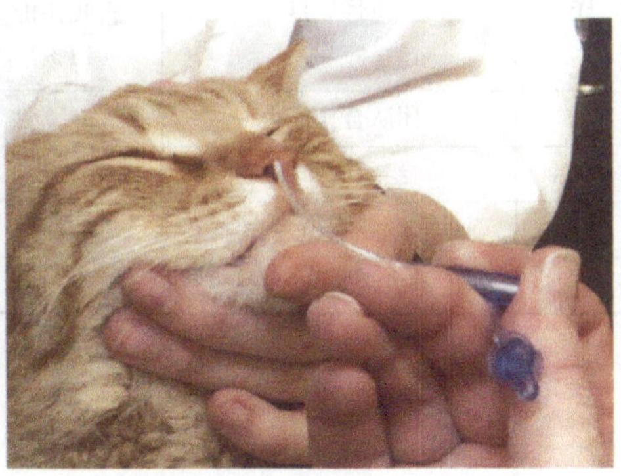

拔出时手指封住末端

三、注意事项

1. 鼻饲的药物或营养物质的温度，应加热至动物体温，避免过冷导致动物应激反应。

2. 鼻饲后应用温水冲洗鼻饲管，保持鼻饲管清洁。

【思考与讨论】

1. 为什么要为动物安置鼻饲管？
2. 应如何截取鼻饲管长度？
3. 鼻饲管应进入多深？如何确定鼻饲管进入正确的位置？
4. 如何对动物进行鼻饲？

【考核评分】

一、技能考核评分表

序号	考核项目	测评人			综合成绩
		自我评价（15%）	小组互评（25%）	教师评价（60%）	
1	动物保定				
2	动物鼻饲流程与操作				
总成绩					

二、情感态度考核评分表

序号	考核项目	测评人			综合成绩
		自我评价（15%）	小组互评（25%）	教师评价（60%）	
1	团队合作能力				
2	组织纪律性				
3	职业意识性				
总成绩					

三、考核内容及评分标准

考核内容	考核项目	评分标准	
理论技能知识	动物保定	保定确实，姿势正确，能安抚动物，能配合操作人员完成安置鼻饲管操作	20
		保定不确实，动物情绪不稳定，动物易挣脱	12
		无法选择对鼻饲工作有益的动物保定姿势，不能安抚动物，无法完成保定	0
	动物鼻饲流程与操作	为动物安置鼻饲管工作流程流畅，操作规范、熟练，完成效果好	50
		安置鼻饲管流程不熟悉，动物进行鼻饲操作比较规范，但完成任务较困难	30
		无法正常进行操作，动物安置鼻饲管操作不规范，无法插入鼻饲管，或插入气管，无法完成操作	0
情感态度	团队合作能力	积极参加小组活动，团队合作意识强，组织协调能力强	10
		能够参与小组课堂活动，具有团队合作意识	6
		在教师和同学的帮助下能够参与小组活动，主动性差	0
	组织纪律性	严格遵守课堂纪律，无迟到早退，不打闹，学习态度端正	10
		遵守课堂纪律，有迟到早退现象，有时做与课程无关事宜，学习态度较好	6
		不遵守课堂纪律，迟到早退，做与上课无关事宜，并不听老师劝阻，态度差	0
	职业意识性	有较强的安全意识、节约意识、爱护动物的意识	10
		安全意识较差，节约意识不强，对动物不爱护	6
		安全意识差，节约意识差，对动物动作粗暴	0

任务九 灌肠

灌肠技术在宠物临床应用广泛，动物中暑时可通过灌肠降低体温，动物做肠镜检查时，也需要提前灌肠做好准备工作，此外，灌肠也可用于动物的直肠给药。

【任务描述】

医生要求助理对患病动物进行灌肠给药，需要助理按照操作规程对动物进行灌肠的实施工作。

【任务目标】

1. 掌握动物灌肠工作的方法和操作流程。
2. 通过本项任务，学会对动物进行灌肠操作。
3. 学会对动物浅部灌肠。
4. 培养学生安全操作、团结合作、严谨细致的素养。

【任务流程】

保定—灌肠

环节一 保定

【知识学习】

动物灌肠一般的保定姿势为站立保定，在灌肠时，动物可能会表现出挣扎的动作，为了保证动物与人员的安全，可以对其进行扎口保定。

【技能训练】

一、所需用品

伊丽莎白项圈、口笼。

二、内容及步骤

1. 为动物佩戴伊丽莎白项圈。

2. 为动物佩戴口笼。

3. 保定人员对动物进行徒手保定，固定动物头部与前后肢，一手并将其尾巴向上拉起，暴露肛门。

环节二　灌肠

【知识学习】

灌肠技术是将药液灌入直肠内。常在宠物有采食障碍或咽下困难、食欲废绝时，进行人工补给营养；直肠或结肠炎症时，灌入消炎剂；病犬猫兴奋不安时，灌入镇静剂；排除直肠内积粪时也可使用灌肠技术。

【技能训练】

一、所需用品

灌肠导管、一次性注射器、灌肠液、润滑剂、托盘。

二、内容及步骤

1. 将直肠内的宿粪取出。

2. 擦拭动物肛门，将灌肠导管前端涂抹润滑剂。

3. 将灌肠的导管徐徐插入动物肛门 5 ~ 10cm，连接抽满灌肠液的大号注射器，使药液注入直肠内。

4. 灌肠后使动物保持安静，以免引起排粪动作而将药液排出。

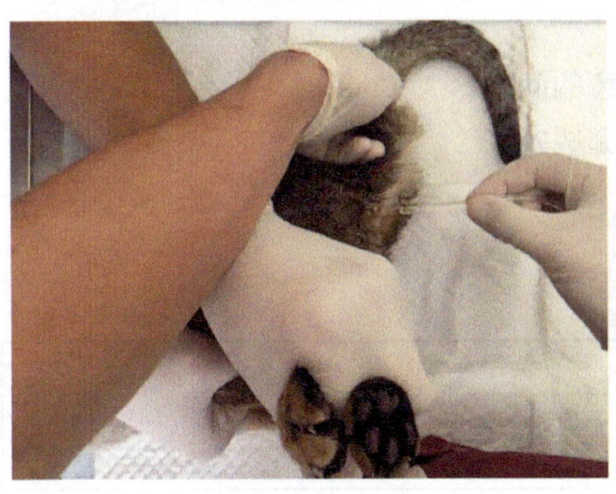

动物保定

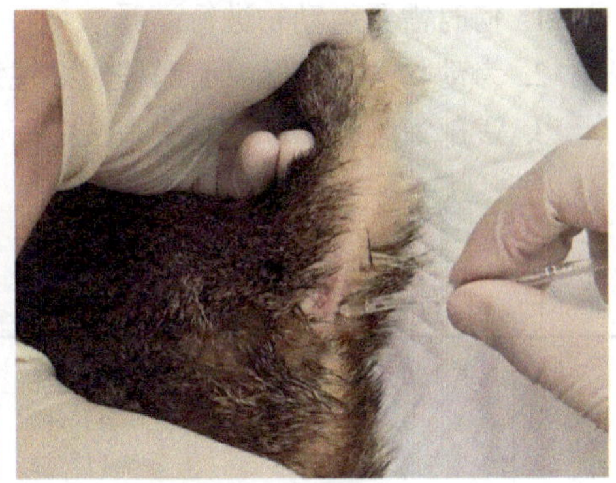

插入导管灌肠

三、注意事项

1. 直肠内存有宿粪时，按直肠检查要领取出宿粪，再进行灌肠。

2. 避免粗暴操作，以免损伤肠黏膜或造成肠穿孔。

3. 溶液注入后由于排泄反射，易被排出，应用手压迫尾根和肛门，或在注入溶液的同时，用手指刺激肛门周围，也可通过按摩腹部减少排出。

【技能拓展】

深部灌肠

【知识学习】

深部灌肠适用于治疗肠套叠、结肠便秘、排出胃内毒物和异物。

【技能训练】

一、所需用品

灌肠导管、一次性注射器、灌肠液、润滑剂、托盘。

二、内容及步骤

1. 对动物施以站立或侧卧保定，并呈前低后高姿势，助手把尾拉向一侧。

2. 术者将导管徐徐插入肛门 8 ~ 10cm，连接大号注射器，使药液注入直肠内。

3. 先灌入少量药液软化直肠内积粪，待排净积粪后再大量灌人药液。灌入量根据动物个体大小而定，药液温度以 35℃为宜。

【思考与讨论】

1. 何时需要为动物进行灌肠?
2. 为动物进行灌肠时有哪些需要注意的问题?
3. 浅部灌肠和深部灌肠的适应症有哪些?

【考核评分】

一、技能考核评分表

序号	考核项目	测评人			综合成绩
		自我评价（15%）	小组互评（25%）	教师评价（60%）	
1	动物保定				
2	动物灌肠流程与操作				
总成绩					

二、情感态度考核评分表

序号	考核项目	测评人			综合成绩
		自我评价（15%）	小组互评（25%）	教师评价（60%）	
1	团队合作能力				
2	组织纪律性				
3	职业意识性				
总成绩					

三、考核内容及评分标准

考核内容	考核项目	评分标准	
理论技能知识	动物保定	保定确实，姿势正确，能安抚动物，能配合操作人员完成灌肠操作	20
		保定不确实，动物情绪不稳定，动物易挣脱	12
		无法选择对动物灌肠有益的保定姿势，不能安抚动物，无法完成保定	0
	动物灌肠流程与操作	动物灌肠流程流畅，操作规范、熟练，完成效果好	50
		动物灌肠流程不熟悉，工具选择和使用有错误，动物灌肠操作比较规范，完成任务较困难	30
		无法正常进行操作，工具选择和使用有错误，动物灌肠操作不规范或无法完成操作	0
情感态度	团队合作能力	积极参加小组活动，团队合作意识强，组织协调能力强	10
		能够参与小组课堂活动，具有团队合作意识	6
		在教师和同学的帮助下能够参与小组活动，主动性差	0
	组织纪律性	严格遵守课堂纪律，无迟到早退，不打闹，学习态度端正	10
		遵守课堂纪律，有迟到早退现象，有时做与课程无关事宜，学习态度较好	6
		不遵守课堂纪律，迟到早退，做与上课无关事宜，并不听老师劝阻，态度差	0
	职业意识性	有较强的安全意识、节约意识、爱护动物的意识	10
		安全意识较差，节约意识不强，对动物不爱护	6
		安全意识差，节约意识差，对动物动作粗暴	0

单元二
实验室检查

一、单元介绍

实验室检查是通过在实验室进行物理的或化学的检查来确定送检样品的内容、性质、浓度、数量等特性，以辅助医生的诊断工作。在宠物医院中，常用的实验室检查方法有血常规、尿常规、皮肤全项检查以及粪便的寄生虫检查等。本单元通过5个工作任务，介绍讲解了实验室常用检查方法。

二、单元目标

知识目标：熟悉实验室检查方法，掌握血细胞分析仪的使用方法，掌握动物皮肤病、血液检查、尿检、粪检化验的采样方法。

能力目标：能制备血涂片，正确染色，并镜检细胞分类计数、使用血细胞分析仪进行血常规检查，能通过刮片、胶带等方法采样，能做伍德氏灯及耳镜检查，能做尿检粪检的采样工作。

情感目标：树立科学护理宠物疾病的意识，培养关爱动物的职业精神，培养学生安全规范操作的意识，培养学生自我保护意识。

三、学习单元内容

1. 血涂片的制备及检查
2. 血常规检查
3. 皮肤全项检查
4. 尿液采样及检查
5. 粪便寄生虫检查

四、教学成果形式

1. 血涂片制备及镜检情况

2. 血常规检查情况

3. 皮肤全项检查情况

4. 尿液采样及检查情况

5. 粪便寄生虫检查情况

五、考核内容及标准

<table>
<tr><th>考核内容</th><th>占单元成绩权重（%）</th><th>考核方式</th><th>评价标准</th><th>单元成绩权重（%）</th></tr>
<tr><td>理论知识</td><td>30</td><td>笔试</td><td rowspan="3">见各任务评价明细</td><td rowspan="3">20</td></tr>
<tr><td>操作技能</td><td>50</td><td>采样操作、仪器及器械使用、采样及检查情况</td></tr>
<tr><td>情感态度</td><td>20</td><td>过程性考核</td></tr>
</table>

任务一　血涂片的制备与观察计数

血涂片的显微镜检查是血液细胞学检查的基本方法，应用极广。对各种疾病的诊断有很大价值。但血涂片的推片和染色不良，会增加细胞鉴别难度，甚至造成错误结论。血涂片是宠物临床检查的常用方法，制备染色良好的血涂片是宠物医生助理需要掌握的基本技术。

【任务描述】

某客户带自家宠物犬到宠物医院就诊，医生开具血涂片检查，要求医生助理对犬进行采血，制备血涂片，观察细胞并计数。

【任务目标】

1. 掌握动物静脉采血方法。
2. 掌握血涂片的制备方法和操作流程。
3. 能够制备血涂片。
4. 通过观察血涂片，会进行血细胞计数，认识血细胞的正常形态。
5. 培养学生爱护器械、严谨细致的素养。

【任务流程】

保定—采血—推片—染色—观察—白细胞分类计数

环节一　保定

【知识学习】

制备并观察血涂片是对动物血细胞分类计数与血细胞形态观察的基本技术，需对动物进行少量采血，采血部位一般选择前肢静脉，保定方法为徒手保定。

【技能训练】

一、所需用品

伊丽莎白项圈。

二、内容及步骤

1. 为犬佩戴伊丽莎白项圈，松紧适宜。

2. 对犬进行徒手保定：保定人员调整坐姿，将犬背侧贴在自己胸前，使其坐在自己怀里，左臂横在犬前胸，固定犬头部，左手握住犬右前肢，贴于耳侧；右手握住犬左臂，向采血人员方向伸出，暴露采血部位，保定确实。双腿夹住犬后驱。

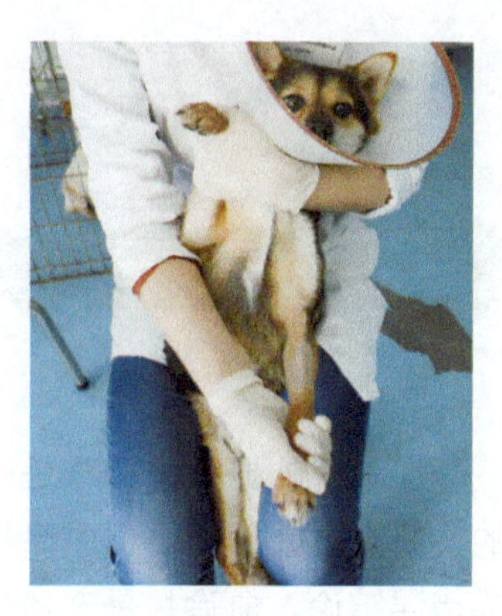

保定

环节二　采血

【知识学习】

成年犬猫一般在前肢臂头静脉或后肢隐静脉进行采血，幼年动物可选用颈静脉。

【技能训练】

一、所需用品

电剪、胶皮管、止血钳、碘酊棉签、酒精棉球、干棉球、输液针、一次性注射器。

二、内容及步骤

1. 扎止血带：采血部位近心端扎一胶皮管，使血管充盈。

2. 消毒：在前肢臂头静脉准备采血处进行剪毛剃毛，用碘酒棉签、酒精棉球依次涂抹进行皮肤消毒。

3. 采血：右手持连接注射器的输液针，沿静脉走向小角度进针，刺入静脉中，以左手做支撑，缓缓抽吸注射器活塞，采集 1 ~ 2mL 血液，松开止血带，拔出针头，用一干棉球按压针孔止血。

三、注意事项

1. 用止血钳扎止血带时应用手指垫在动物皮肤上，以免夹肉。

2. 若针头刺入皮肤后回抽注射器活塞未有血液回流，说明没扎入静脉，应拔出少许针头再刺入，不能用针头在皮下戳挑。

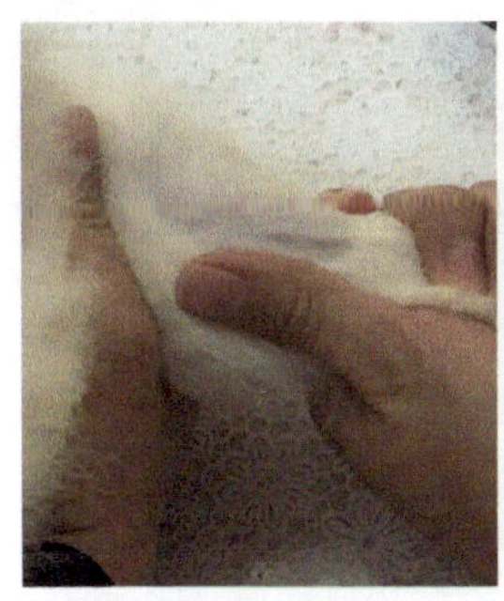
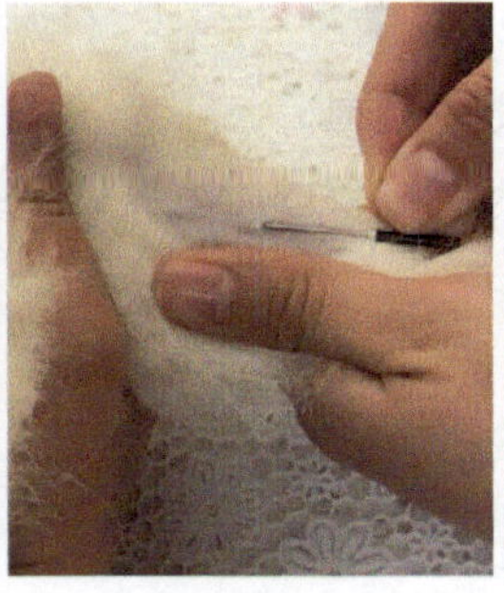
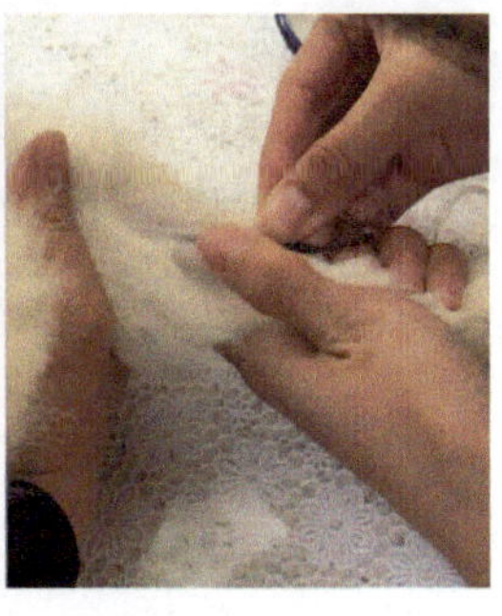

后肢隐静脉采血

3. 采血成功后，应先松止血带，后拔针头，以防血液溅出。

4. 后肢隐静脉及颈静脉的采血操作方法，基本与上述相同。

环节三　推片

【知识学习】

推片是血涂片制备的关键环节，制备厚薄适宜，分布均匀的血涂片是血液学检查的重要基本技术之一。

【技能训练】

一、所需用品

上一环节采血注射器、载玻片、盖玻片。

二、内容及步骤

1. 手指持握载玻片的边缘，去掉注射器针头，在载玻片一端滴 1 滴血。

2. 取一张盖玻片，将其一端置于血滴前方(a)，向后移动到接触血滴，使血液均匀分散在推片与载玻片的接触处(b)。然后使推片与载玻片呈 30° ~40°角，向另一端平稳地推出(c)，如下图所示。

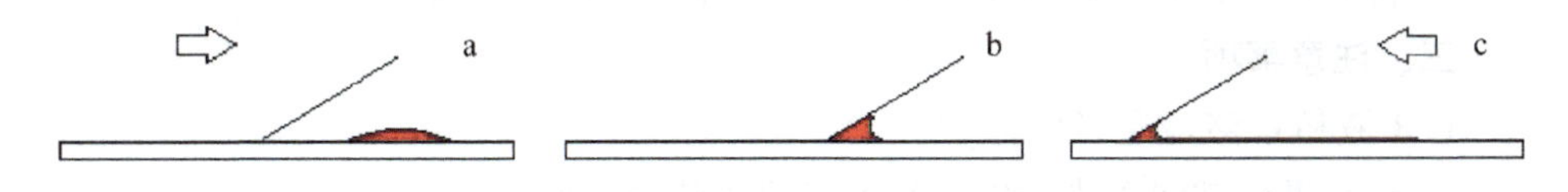

血涂片推片方法图解

3. 涂片推好后，手捏一侧迅速在空气中扇摇，使之自然干燥。

三、注意事项

1. 采血后应尽快推片，避免凝血。

2. 滴加血滴在载玻片上时，应仅取少量，以免推片时血细胞过厚。

3. 不能用高温干燥涂片。

环节四　染色

【知识学习】

细胞一般是无色的，不便于显微镜观察，因此，在镜检前，应先对细胞进行细胞染色。根据细胞与镜检目的不同，有多种染色方法，其中，Diff-Quik 染色是宠物医院进行血涂片快速检查的常用染色方法，染色效果好，染色时间极短，一般 90s 内即可完成染色。

Diff-Quik 染色液由试剂 A 液（Diff-Quik Fixative）；试剂 B 液（Diff-Quik Ⅰ）和试剂 C 液（Diff-Quik Ⅱ），共 3 组试剂组成。A 液用于固定，B 液用于进行酸性染色，C 液用于进行碱性染色。

【技能训练】

一、所需用品

血涂片、Diff-Quik 染液、水槽。

二、内容及步骤

1. 将待染色的涂片完全干燥后，浸入固定液 Diff-Quik A 液中固定 10～20s。

2. 从固定液中取出涂片，直接放入酸性染色液 Diff-Quik B 液中浸泡染色 10～15s，同时上下提动玻片，使染液均匀分布着色。

3. 从 Diff-Quik B 液中取出涂片，放入碱性染色液 Diff-Quik C 液中浸泡染色 10～15s，同时上下提动玻片，使染液均匀分布着色。

4. 将涂片取出后放入清水中洗去残留染液，自然晾干。

三、注意事项

1. B 液和 C 液应避光保存。

2. 涂片需全部浸入染液中，并上下提动使着色均匀。

3. 清洗时避免用水流猛烈冲刷涂片。

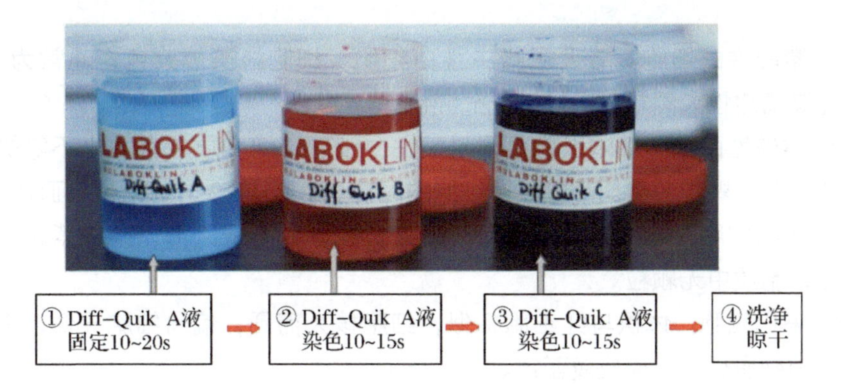

Diff-Quik 染色操作流程

环节五　观察

【知识学习】

一、显微镜的使用方法

1. 放置显微镜：将显微镜放置在洁净平稳的实验桌或实验台上。

2. 调节视野亮度：打开电源开关，尽量升高聚光器，放大光圈，调节亮度调节钮，使射入的光线适中(明亮但不刺眼)。

3. 放置观察样品：将玻片涂面向上放于载物台上，用物夹夹牢，用低倍镜悬于待检样品之上，眼睛从目镜中观察，调节粗准焦螺旋至能看到影像后，再旋动细准焦螺旋进行微调，图像清晰后，旋转物镜，换高倍镜观察。

4. 油镜观察：在欲检部位滴加 1 滴香柏油并移至载物台正中央，用油镜对准欲检部位。眼睛从侧面注视镜头，用粗调节器小心升起载物台(或视镜头下降)直至有镜头浸入油滴中，以几乎与载玻片接触为度(但不应接触)。然后用左眼从目镜观察，同时用粗准焦螺旋缓慢降下载物台(或升高镜头)，当出现模糊的图像突然闪过时，改用细准焦螺旋调节物象清晰为止。

二、血细胞观察

血涂片在镜下观察可见以下血细胞：

1. 红细胞：淡红色，无核的圆形细胞，因红细胞为双凹形，故边缘部分染色较深，中心较浅。

2. 嗜中性白细胞：体积略大于红细胞，细胞核被染成紫色分叶状，可分 1 ~

5 叶。

3. 嗜酸性白细胞：略大于嗜中性白细胞，细胞核染成紫色，通常为 2 叶，胞质充满嗜酸性大圆颗粒，被染成鲜红色。

4. 嗜碱性白细胞：体积略小于嗜酸性白细胞，细胞质中有大小不等被染成紫色的颗粒，颗粒数目比嗜酸性白细胞的颗粒少，核 1～2 叶，染成淡蓝色。

5. 单核细胞：体积最大，细胞核较大，圆形或不规则形，染成紫色，细胞质较多，胞质中无颗粒。

6. 淋巴细胞：体积与红细胞相似，细胞核大而圆，偏向细胞一侧，染成深紫色，细胞质极少，染成浅蓝色。

【技能训练】

一、所需用品

血涂片、显微镜、香柏油、擦镜纸。

二、内容及步骤

1. 将血涂片于低倍镜下观察。

2. 逐渐旋转物镜，在血涂片上滴 1 滴香柏油，用油镜观察，了解血细胞结构，观察有无异常。

3. 观察完毕后用擦镜纸擦拭油镜上的油脂，旋转物镜至低倍，关闭显微镜。

三、注意事项

1. 用高倍镜观察时，应注意不要将物镜抵碎玻片。

2. 使用完油镜后，需仔细擦拭镜头。

环节六　白细胞分类计数

【知识学习】

对血涂片进行细胞的分类计数，主要是统计白细胞中各类细胞的占比，虽然使用血液分析仪进行检测也可以快速提供相关数据，但血液分析仪对于白细胞的分类统计不够准确，因此，在临床上常用人工进行白细胞计数。

【技能训练】

一、所需用品

血涂片、显微镜、细胞计数器。

二、内容及步骤

1. 将血涂片于低倍镜下观察。

2. 分类计数：逐渐旋转物镜，在40倍镜下观察。在一个视野中，分别数出嗜中性粒细胞、淋巴细胞、单核细胞、嗜酸性粒细胞和嗜碱性粒细胞的数量，每数出一个，便在计数器相应的细胞种类按一下，直至视野中所有白细胞计完，移动载物台，更换视野，继续计数，直至白细胞总数计到100个为止。

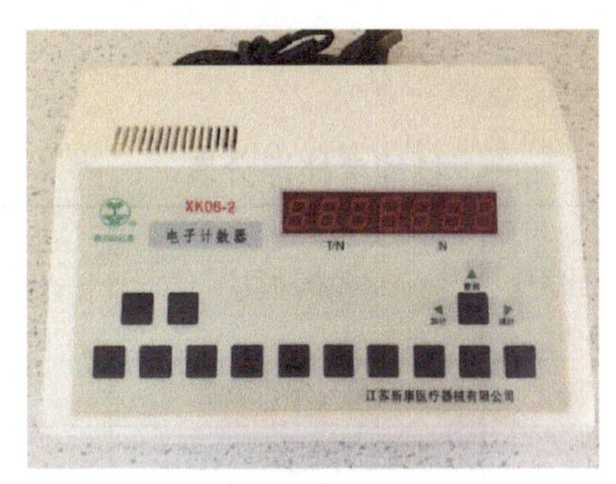

细胞计数器

3. 计数完毕后，旋下载物台，旋转物镜至低倍，移下血涂片，关闭显微镜。

4. 统计每种白细胞的个数，记录并交给医生。

三、注意事项

1. 应在血涂片末尾端进行计数，此处为单层细胞，白细胞数量较多。

2. 计数时，若计够100个，则停止计数，即使视野中还存在其他白细胞也忽略不计。

3. 如果血涂片中白细胞数量较少，无法计够100个，可以数出50个，每种白细胞数量乘以2。

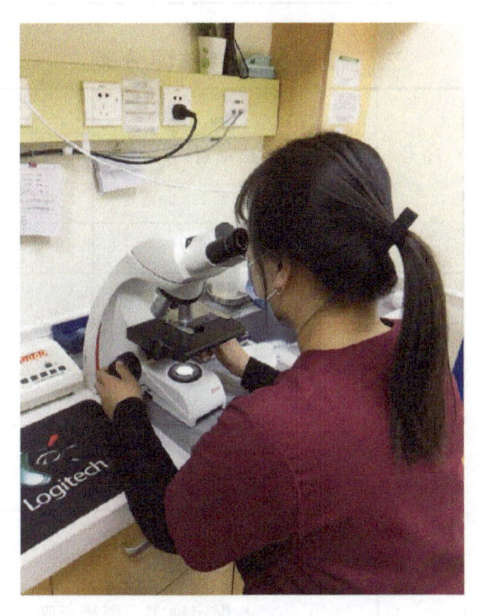

血涂片镜检

4. 一般动物血液中，嗜碱性粒细胞存在很少，因此若血涂片中出现大量嗜碱性粒细胞，应考虑是否是染色原因导致。

【思考与讨论】

1. 什么是血涂片？利用血涂片可以检查哪些内容？
2. 如何制备血涂片？在血涂片的制作过程中有哪些需要注意的问题？
3. 如何独立进行Diff-Quik染色的操作？
4. 对血涂片进行镜检时，能观察到哪几种细胞？
5. 如何进行白细胞计数？

【考核评分】

一、技能考核评分表

序号	考核项目	测评人			综合成绩
		自我评价（15%）	小组互评（25%）	教师评价（60%）	
1	动物保定、采血				
2	血涂片制备与观察				
总成绩					

二、情感态度考核评分表

序号	考核项目	测评人			综合成绩
		自我评价（15%）	小组互评（25%）	教师评价（60%）	
1	团队合作能力				
2	组织纪律性				
3	职业意识性				
总成绩					

三、考核内容及评分标准

考核内容	考核项目	评分标准	
理论技能知识	动物保定、采血	保定确实，姿势正确，能安抚动物，能配合操作人员完成采血工作	30
		保定不确实，动物情绪不稳定，动物易挣脱，采血困难	18
		不能安抚动物，无法保定动物，无法完成采血	0
	血涂片制备与观察流程与操作	血涂片制备流程流畅，能制备出易于观察的血涂片，能观察到不同种类的血细胞，并进行分类计数	40
		血涂片制备流程不熟悉，制备出过厚或其他不利于观察的血涂片，观察血细胞困难，细胞计数不准确	24
		不会制备血涂片，不会使用显微镜进行观察，无法完成操作	0

（续）

考核内容	考核项目	评分标准	
情感态度	团队合作能力	积极参加小组活动，团队合作意识强，组织协调能力强	10
		能够参与小组课堂活动，具有团队合作意识	6
		在教师和同学的帮助下能够参与小组活动，主动性差	0
	组织纪律性	严格遵守课堂纪律，无迟到早退，不打闹，学习态度端正	10
		遵守课堂纪律，有迟到早退现象，有时做与课程无关事宜，学习态度较好	6
		不遵守课堂纪律，迟到早退，做与上课无关事宜，并不听老师劝阻，态度差	0
	职业意识性	有较强的安全意识、节约意识、爱护动物的意识	10
		安全意识较差，节约意识不强，对动物不爱护	6
		安全意识差，节约意识差，对动物动作粗暴	0

任务二　血常规检测

血常规检测通常是指利用全自动血细胞分析仪对血液样品进行检测，该仪器采用电阻抗法、比色法等测量原理，可以对白细胞、红细胞、血小板和血红蛋白等20余项参数进行检测，并对白细胞三分群(小细胞群、中间细胞群、大细胞群)进行计数。血常规的操作简便，能快速得到结果，是宠物医院的常用实验室检查方法，因此，血常规检测是宠物医师助理应掌握的操作技术。

【任务描述】

某客户带自家宠物犬到宠物医院就诊，医生开具血常规检查要求，要求医生助理对犬进行采血及使用血液分析仪检查血样。

【任务目标】

1. 掌握动物静脉采血方法。
2. 掌握血液分析仪的使用方法。
3. 能够使用血液分析仪对血液样品进行检测。
4. 培养学生爱护仪器、严谨细致的素养。

【任务流程】

保定—采血—血液样本分析

环节一　保定

对犬进行徒手保定，需要露出前肢采血部位。

环节二　采血

【知识学习】

做血常规检测的血液样品，可用静脉采血或末梢血采集2种方法。静脉血的采集可以使用真空负压管或在常压下采用普通采集办法，采集办法见本单元任务一，需注意在静脉血采集的容器中须预先滴加抗凝剂，通常使用 EDTA-K_2作为抗凝剂，含量为 1.5～2.2mg/mL 血液。下面介绍末梢血的采集方法。

【技能训练】

一、所需用品

采血针、酒精棉球、干棉球、采血管。

二、内容及步骤

1. 轻轻按摩采血部位，使其自然充血，用 75% 酒精棉球消毒局部皮肤，待其干燥。

2. 捏紧穿刺部位，用无菌的采血针穿刺，取血动作应迅速，深度 2～3mm，以稍加挤压血液能流出为宜。

3. 用干棉球擦去第 1 滴血后，用采血管采集血液。

4. 采血完毕，用干棉球压住伤口片刻，进行止血。

三、注意事项

1. 采血时，若血流不畅，可在伤口的远端稍加压力，切忌在刺孔的周围用力。避免组织液混入血液中，造成测试分析结果不准确。

2. 不要直接碰触血液样品，避免污染导致测试分析结果不准确。

环节三 血液样本分析

【知识学习】

1947 年美国科学家库尔特(W. H. Coulter)发明了用电阻法计数粒子的专利技术。1956 年他将这一技术应用于血细胞计数获得成功，其原理是根据血细胞非传导的性质，以电解质溶液中悬浮血细胞在通过计数小孔时引起的电阻变化进行检测为基础，进行血细胞计数和体积测定，这种方法称为电阻法或库尔特原理。1962 年，我国第一台血细胞计数仪在上海研制成功。到了 1960 年末血细胞分析仪除可进行血细胞计数外，还可以同时测定 HGB 血红蛋白。1970 年，血小板计数仪问世。1980 年，开发了白细胞分类方法。1990 年，开发了可对网状红细胞进行计数的血细胞分析仪，同时五分类及幼稚细胞检测更成熟，并发展成为血细胞分析流水线。目前血细胞分析仪已应用于各类宠物的检查，下面将具体介绍血液分析仪的操作使用方法。

【技能训练】

一、所需用品

全自动血细胞分析仪、血液样品。

二、内容及步骤

1. 开机，让机器自动完成清洗、灌注步骤。

2. 空白测试：在仪器主界面设定标本类型，设置为“预稀释”模式，在菜单中点“加稀释液”，将洁净的空样品杯置于仪器吸样针下方，按“开始”键，仪器自动加稀释液，按“退出”回主界面。仪器空白测试结果可接受范围见下表，若超过此范围，可重复以上测试步骤，直到测试结果可以接受为止。

参数	数值	单位
WBC	≤0.2	10^9/L
RBC	≤0.02	10^{12}/L
HGB	≤2	g/L
HCT	≤0.5	%
PLT	≤25	10^9/L

3. 血液样品的制备：将采集的末梢血样品注入加有抗凝剂的子弹头样品杯中，上下摇动、转动试管，使血液样品充分摇匀。

4. 在血液分析仪的“资料”窗口输入动物资料，包括宠物姓名、性别、年龄、病历号、参考值等。

5. 血样计数分析：将样品杯置于采样针下，按开始键，仪器吸取血样，开始分析样本。分析结束后，仪器会将结果显示在血细胞分析窗口的相应参数后面，并绘出 WBC、RBC、PLT 的体积直方图。若“自动打印”设置为“开”，仪器在测试结束后，将自动输出分析结果。

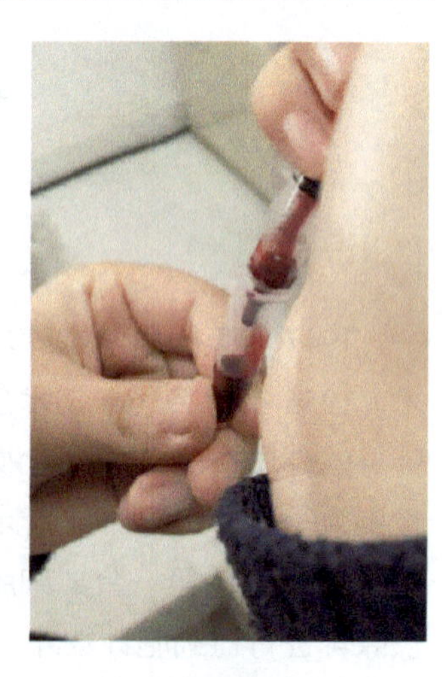

准备血液样本

6. 将分析结果递交医生，完成工作任务，并运行关机。

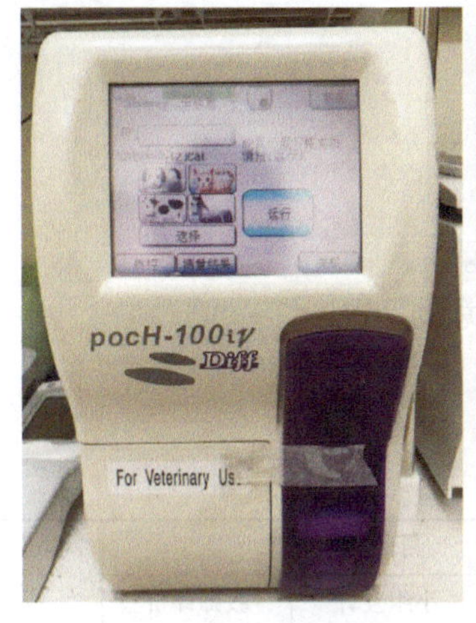

血细胞分析仪

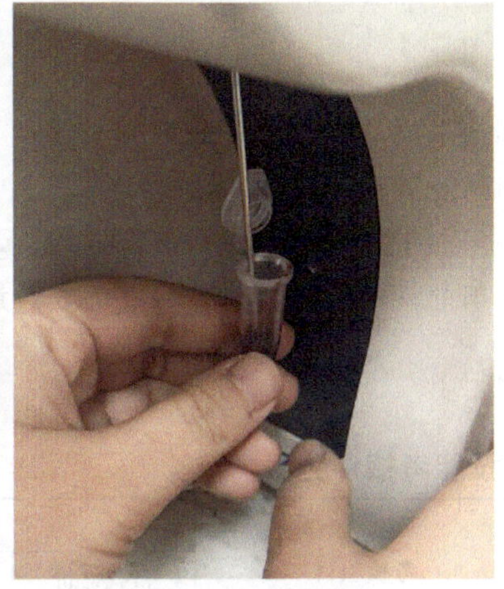

将血样置于采样针下方

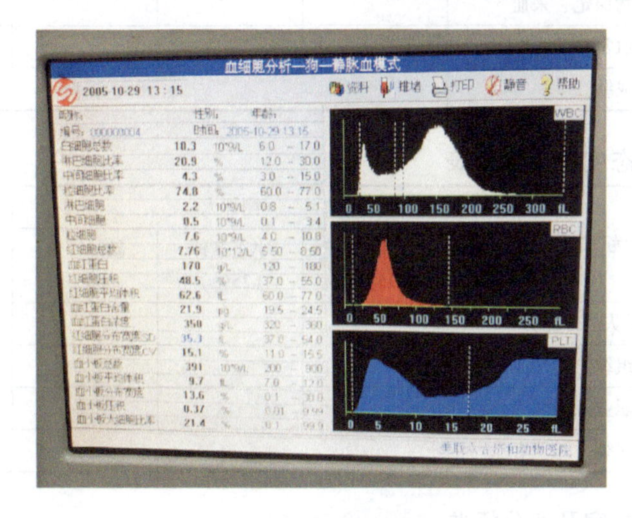

血细胞分析数据结果

三、注意事项

1. 待测血样只能在室温保存，4h 内完成测试，若血液样品放置时间过长，混匀不好，容易造成测量误差及测试结果不准确。

2. 当 WBC 的测试结果数值小于 $0.5 \times 10^9/L$ 时，仪器将不对白细胞进行分类，所有与 WBC 相关的参数均显示“ * * * ”。

3. 参数提示信息出现警报时，应根据警报提示查看相关问题区域。

4. 不能在不运行关机程序的情况下，直接关闭仪器电源。

【思考与讨论】

1. 如何采集动物的末梢血？
2. 血常规的检测主要有哪些内容？
3. 使用血常规分析仪进行血样的检测。
4. 使用血常规分析仪时有哪些需要注意的问题？

【考核评分】

一、技能考核评分表

序号	考核项目	测评人			综合成绩
		自我评价（15%）	小组互评（25%）	教师评价（60%）	
1	动物保定、采血				
2	血常规检测				
总成绩					

二、情感态度考核评分表

序号	考核项目	测评人			综合成绩
		自我评价（15%）	小组互评（25%）	教师评价（60%）	
1	团队合作能力				
2	组织纪律性				
3	职业意识性				
总成绩					

三、考核内容及评分标准

考核内容	考核项目	评分标准	
理论技能知识	动物保定、采血	保定确实，姿势正确，能安抚动物，能配合操作人员完成采血工作	30
		保定不确实，动物情绪不稳定，动物易挣脱，采血困难	18
		不能安抚动物，无法保定动物，无法完成采血	0
	血常规检查流程与操作	能正确使用血常规仪器，完成血常规检测，操作规范、熟练	40
		较正确使用血常规仪器，比较顺利地完成血常规检测，操作比较规范	24
		不能正确使用血常规仪进行检测，无法完成血常规检测，操作后不能保养机器	0

（续）

考核内容	考核项目	评分标准	
情感态度	团队合作能力	积极参加小组活动，团队合作意识强，组织协调能力强	10
		能够参与小组课堂活动，具有团队合作意识	6
		在教师和同学的帮助下能够参与小组活动，主动性差	0
	组织纪律性	严格遵守课堂纪律，无迟到早退，不打闹，学习态度端正	10
		遵守课堂纪律，有迟到早退现象，有时做与课程无关事宜，学习态度较好	6
		不遵守课堂纪律，迟到早退，做与上课无关事宜，并不听老师劝阻，态度差	0
	职业意识性	有较强的安全意识、节约意识、爱护动物的意识	10
		安全意识较差，节约意识不强，对动物不爱护	6
		安全意识差，节约意识差，对动物动作粗暴	0

任务三　皮肤被毛的检查

在兽医临床，对动物进行皮肤被毛检查，是检查动物皮肤真菌、寄生虫的有效手段，皮肤全项检查内容包括刮片检查、透明胶带检查、伍德氏灯检查、耳镜检查等多种方法。

【任务描述】

某客户带自家宠物犬到宠物医院就医，医生开具皮肤被毛检查要求，要求医生助理对犬进行皮肤被毛的采样及检查工作。

【任务目标】

1. 掌握皮肤被毛检查的方法和操作流程。

2. 通过完成宠物的皮肤被毛检查任务，学会对犬进行皮肤刮片检查、透明胶带检查、伍德氏灯检查等检查方法。

3. 培养学生爱护仪器、安全操作、严谨细致的素养。

【任务流程】

犬的保定—皮肤样品采集及检查

环节一　犬的保定

犬的皮肤病采样工作中，对犬进行徒手保定时，需要露出皮肤采样部位。有些犬猫皮肤病对人也有传染性，应佩戴手套等，做好个人防护，再进行保定、检查。

环节二　皮肤样品采集及检查

采样检查前，应先对动物被毛进行观察，将可见的临床症状(例如脱毛、皮屑或瘙痒等)记录下来，在动物发病部位进行皮肤样品采集，常用的方法如下。

Ⅰ　皮肤刮片

【知识学习】

皮肤刮片对于犬疥螨、蠕形螨的诊断很有意义，需要多次进行采样评估。

【技能训练】

一、所需用品

载玻片、盖玻片、矿物油、手术刀片、显微镜、剪刀。

二、内容及步骤

1. 在采样部位周围进行剪毛，剪去长毛。
2. 将手术刀片钝的一边浸入矿物油中润湿。

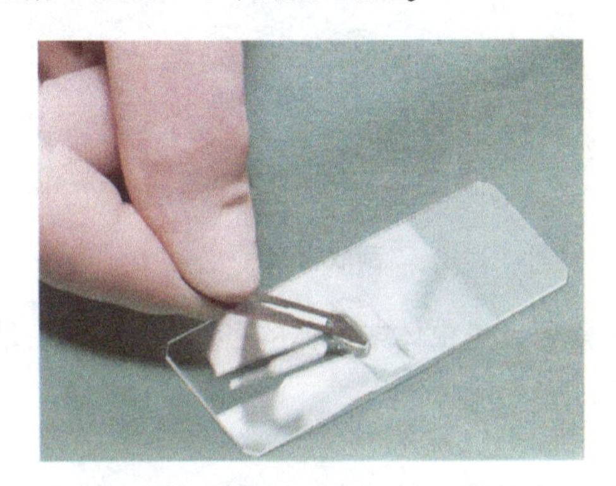

浸润矿物油

3. 用手术刀润湿的一边刮皮肤的采样部位，直到出现血清渗出液，或毛细血管渗血为止。

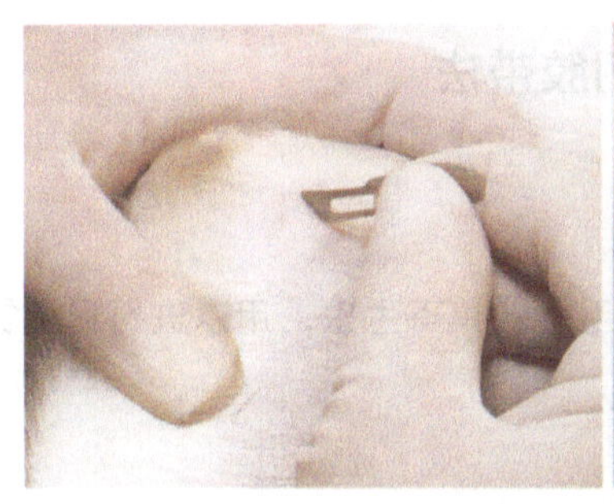
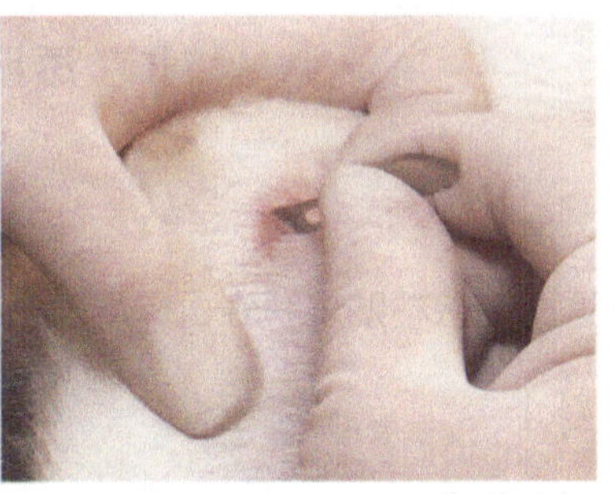

刀片钝端刮皮肤致血清渗出

4. 将刮取的毛、皮屑及体液等样本涂到载玻片上的矿物油中。盖上盖玻片并用显微镜进行检查。

刮取物涂片

5. 结果：镜检观察到大量虫体或虫体的各个阶段（卵、幼虫、若虫、成虫），即可确诊为螨虫感染。

三、注意事项

1. 刮片检查疥螨，可刮至皮肤发红（浅刮，不用刮出血），蠕形螨寄生在毛囊内，因此需要深刮（需要刮出组织液或出血）。

2. 由于刮片检查很难检查到螨虫，蠕形螨检查需要进行 5 ~ 6 次刮片，并事先挤压皮肤；疥螨的检查至少需要进行 10 次以上刮片。

Ⅱ 透明胶带法

【知识学习】

通过透明胶带粘贴皮肤表面碎屑及被毛，收集寄生虫，用以进行显微镜检查。

【技能训练】

一、所需用品

载玻片、矿物油、清洁的醋酸盐透明胶带、显微镜。

二、内容及步骤

1. 撕下2.5 ~5cm长度的透明胶带备用。

2. 分开动物待采样部位的被毛，将胶带粘贴在被毛和皮肤上，收集碎屑及被毛。

3. 胶带黏面朝下，直接粘在载玻片或粘贴在滴有矿物油的载玻片上。

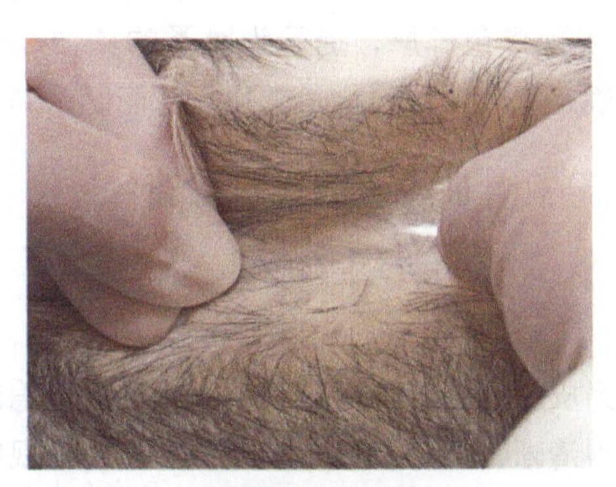

胶带粘皮肤碎屑

4. 在检查酵母菌时，需在载玻片滴1滴嗜碱性Diff-Quik染液，然后将胶带按压粘贴在载玻片上。

5. 将粘有胶带的载玻片放在显微镜下进行检查。

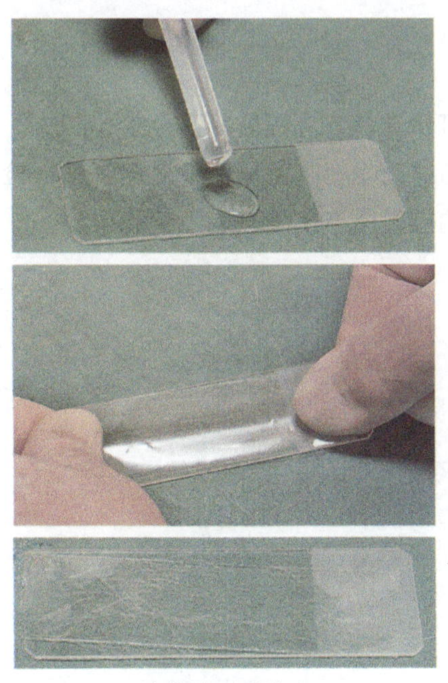

胶带贴于玻片上

6. 结果：通过镜检，可观察到寄生虫虫体，即可确诊。

三、注意事项

1. 透明胶带法可用于检查有全身性瘙痒的动物，尤其是在被毛中或皮肤表面碎屑可见的动物。

2. 透明胶带法对姬螯螨、跳蚤幼虫及虱子的检查效果显著。

3. 在动物被毛中发现黑色碎屑，提示为跳蚤的粪便。将样品用水化开，若有血液从中散出，可确定黑色颗粒为跳蚤粪便，从而确诊动物寄生跳蚤。

Ⅲ 伍德氏灯检查

【知识学习】

动物表现出可能为皮肤癣菌感染所致病变时，可用伍德氏灯进行检查。典型的病变表现为病灶界限清晰、结痂、瘙痒，以及区域性不规则脱毛、皮屑、皮脂溢、毛囊炎等。

【技能训练】

一、所需用品

伍德氏灯。

二、内容及步骤

1. 在使用伍德氏灯检查前，应提前打开至少5min。

2. 戴好手套，用伍德氏灯在暗室环境下对动物进行检查。

3. 查找病变区域的被毛所产生的亮绿色荧光反应。

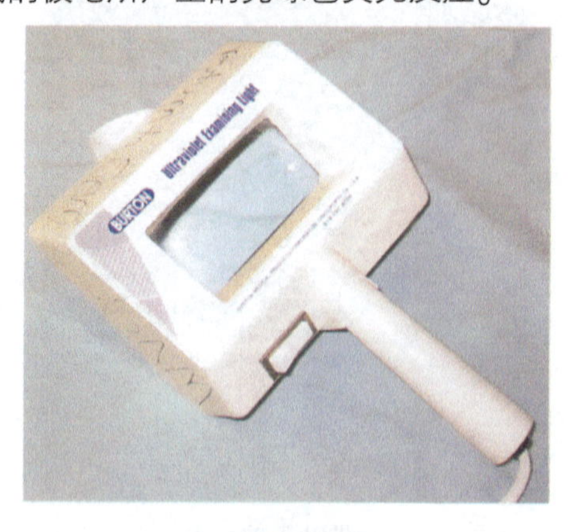

伍德氏灯

4. 结果：伍德氏灯照射区域产生亮绿色荧光反应显示为阳性结果。可疑病变部位应对被毛、结痂，通过棉签拭子采集样本进行真菌培养，以确认皮肤癣菌的存在。

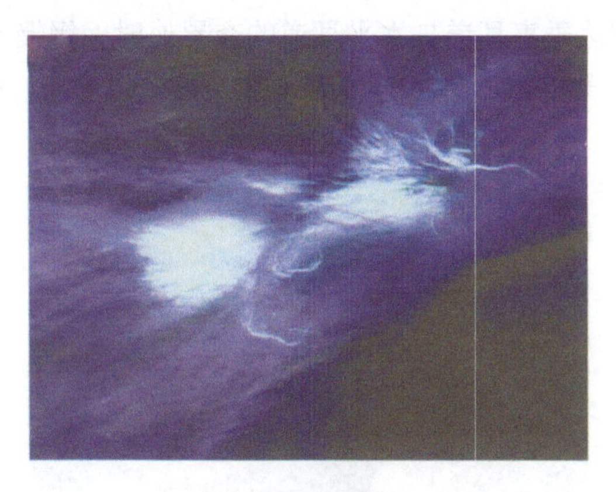

伍德氏灯阳性

三、注意事项

1. 必须戴手套，因为犬、猫的皮肤癣菌同样能感染人。

2. 伍德氏灯必须提前打开 5～10min。

3. 痂皮和皮屑的荧光反应是弥散性的，呈橄榄绿或微黄绿色；犬小孢子菌产生的荧光反应局限在独立的被毛，呈现典型的苹果绿。

4. 通过治疗杀灭真菌后，犬小孢子菌所产生的荧光反应仍然会出现。随着毛的生长，死亡的真菌会位于毛尖而不是毛根。

Ⅳ 检耳镜检查

【知识学习】

用检耳镜检查外耳道是皮肤全项检查的常规项目之一，当动物表现出甩头、抓挠耳部、耳臭或耳朵有分泌物、耳周脱毛、耳聋、头部倾斜或共济失调时，提示应进行外耳的检查。

【技能训练】

一、所需用品

检耳镜、相应型号的检耳镜锥形头、棉签、载玻片、盖玻片、矿物油、显微镜。

二、内容及步骤

1. 在进行检耳镜检查前，应对耳廓进行检查，看是否存在炎症或渗出。

2. 动物站立保定，检查者拉开耳廓，将检耳镜伸入外耳道的垂直耳道内。

3. 当检耳镜到达垂直耳道与水平耳道的交界处时，缓慢地将检耳镜转至水平方向，对水平耳道鼓膜进行检查。如果动物不配合或疼痛，将无法进行检查。

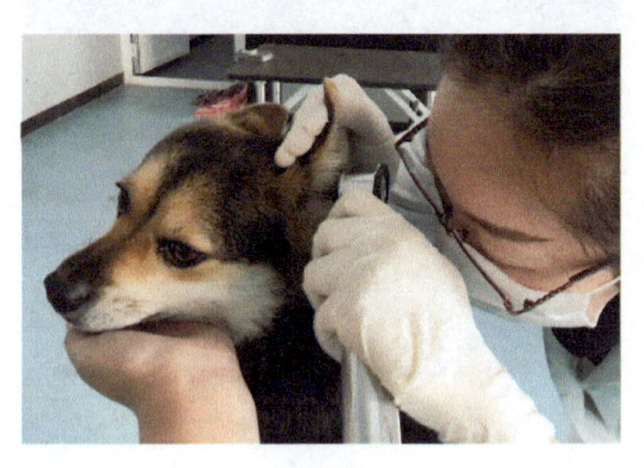

耳镜检查

4. 动物在镇定或麻醉的状态下，侧卧可进行更彻底的耳部检查。耳廓可被拉起，使耳道变直，检耳镜更容易进入耳道。

5. 耳部若存在渗出物，可用棉签穿过检耳镜的锥形头进行采样，然后退出棉签，对样品进行细胞学检查。

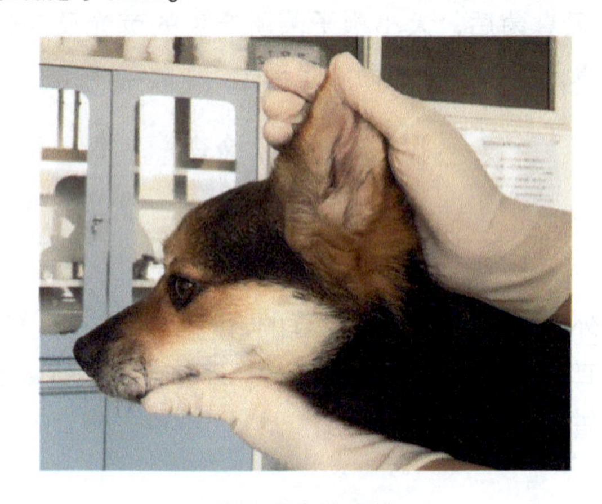

检查耳廓分泌物

6. 检查螨虫时，将棉签在玻璃片上的矿物油中滚动几次，盖上盖玻片，在低倍镜下进行观察。

7. 检查细胞碎屑、细菌、酵母菌时，将棉签在干的、清洁的载玻片上滚动几次，对玻片进行热固定及染色，盖上盖玻片进行检查。在低倍镜下检查细胞碎屑，在高倍镜下检查细菌和酵母菌。

8. 结果：使用检耳镜可对耳道进行以下评估：通畅或狭窄、增生、溃疡、渗出、异物、寄生虫、肿瘤、耳垢过多或被毛聚集。对可疑病变可进行活组织检查。

三、注意事项

1. 检耳镜检查时，保定人员在一手保定动物的同时，另一手必须紧握住动物闭合的口鼻部。

2. 患有外耳道炎性疾病的犬猫，需进行深度镇定或全身麻醉，否则将无法进行全面的外耳道检查。

3. 若动物挣扎，则不能进行耳道检查，否则可能会损伤鼓膜。

4. 若外耳有大量渗出物或碎屑，在进行详细的外耳道检查前应对耳道进行清洁，使用温生理盐水或其他非碱性、不含酒精的冲洗液对耳道进行灌洗，此操作需要镇定或全身麻醉。

【思考与讨论】

1. 对动物皮肤被毛的检查主要有哪几种方法？分别可以检查哪些内容？
2. 皮肤刮片应如何制作？检查时有哪些需要注意的问题？
3. 伍德氏灯可以用来检测哪些病原？
4. 通过耳镜检查，能够观察到哪些病变结果？

【考核评分】

一、技能考核评分表

序号	考核项目	测评人			综合成绩
		自我评价（15%）	小组互评（25%）	教师评价（60%）	
1	动物保定、采样				
2	皮肤全项检测				
总成绩					

二、情感态度考核评分表

<table>
<tr><th rowspan="2">序号</th><th rowspan="2">考核项目</th><th colspan="3">测评人</th><th rowspan="2">综合成绩</th></tr>
<tr><th>自我评价
（15%）</th><th>小组互评
（25%）</th><th>教师评价
（60%）</th></tr>
<tr><td>1</td><td>团队合作能力</td><td></td><td></td><td></td><td></td></tr>
<tr><td>2</td><td>组织纪律性</td><td></td><td></td><td></td><td></td></tr>
<tr><td>3</td><td>职业意识性</td><td></td><td></td><td></td><td></td></tr>
<tr><td colspan="2">总成绩</td><td colspan="4"></td></tr>
</table>

三、考核内容及评分标准

<table>
<tr><th>考核内容</th><th>考核项目</th><th colspan="2">评分标准</th></tr>
<tr><td rowspan="6">理论技能知识</td><td rowspan="3">动物保定、采样</td><td>保定确实，姿势正确，能安抚动物，能配合操作人员完成皮肤样品采集工作</td><td>30</td></tr>
<tr><td>保定不确实，动物情绪不稳定，动物易挣脱，采样困难或不准确</td><td>18</td></tr>
<tr><td>不能安抚动物，无法保定动物，无法完成采样</td><td>0</td></tr>
<tr><td rowspan="3">皮肤全项检查流程与操作</td><td>熟练进行皮肤全项检测工作，能正确对采集的样品进行检测，操作规范</td><td>40</td></tr>
<tr><td>对皮肤全项检测工作流程掌握不熟练，能对采集的部分样品进行检测，操作比较规范</td><td>24</td></tr>
<tr><td>不能完成皮肤全项检测工作，无法对采集的样品进行检测，操作不规范</td><td>0</td></tr>
<tr><td rowspan="9">情感态度</td><td rowspan="3">团队合作能力</td><td>积极参加小组活动，团队合作意识强，组织协调能力强</td><td>10</td></tr>
<tr><td>能够参与小组课堂活动，具有团队合作意识</td><td>6</td></tr>
<tr><td>在教师和同学的帮助下能够参与小组活动，主动性差</td><td>0</td></tr>
<tr><td rowspan="3">组织纪律性</td><td>严格遵守课堂纪律，无迟到早退，不打闹，学习态度端正</td><td>10</td></tr>
<tr><td>遵守课堂纪律，有迟到早退现象，有时做与课程无关事宜，学习态度较好</td><td>6</td></tr>
<tr><td>不遵守课堂纪律，迟到早退，做与上课无关事宜，并不听老师劝阻，态度差</td><td>0</td></tr>
<tr><td rowspan="3">职业意识性</td><td>有较强的安全意识、节约意识、爱护动物的意识</td><td>10</td></tr>
<tr><td>安全意识较差，节约意识不强，对动物不爱护</td><td>6</td></tr>
<tr><td>安全意识差，节约意识差，对动物动作粗暴</td><td>0</td></tr>
</table>

任务四　尿液检查

犬猫排尿行为异常及尿液颜色异常是宠物主人们很容易发现的症状。排尿异常包括排尿困难、排尿量增多或减少，尿失禁等；尿色异常则包括尿液变红、变褐色等。出现上述症状时，往往预示着宠物们正遭受着疾病，对尿液进行采集及检查也是宠物医生助理需要掌握的基本技术。

【任务描述】

某客户带自家宠物犬到宠物医院就诊，医生开具尿液检查要求，要求医生助理对犬进行尿样采集，并进行尿液检查。

【任务目标】

1. 掌握动物尿样采集的方法。
2. 掌握尿检的方法和操作流程。
3. 通过完成本任务操作，能对尿液比重、pH 值及尿液沉渣进行检查。
4. 培养学生安全操作、团结合作、严谨细致的素养。

【任务流程】

动物保定采集尿样—尿液检测

环节一　动物保定采集尿样

【知识学习】

尿液可以采用收集自然排尿、压迫膀胱、导尿或膀胱穿刺进行采集。通常在早上采尿样，因为这是一天中尿样浓度最高的时候。送往实验室时要用干净且没有化学污染的容器，并且尽快地进行尿液分析，如果不能在 30min 内进行，则必须进行冷藏处理。

由于公犬排尿时间较短，且排尿频繁，主人外出遛狗的比较容易采集到，母犬收集自然排尿比较困难，对于猫的采尿，可以使用水晶猫砂，将猫砂放在一个易于收集尿液的盒子里，采集尿液。自然排尿可由宠物主人自行采集，无并发症，是检查血尿较好的方法，缺点是尿液容易被尿道或生殖道以及环境所污染。

压迫膀胱采尿在麻醉状态下使用最佳，简单易行，但对于公猫公犬很难用此法采到尿液，而且如果存在外伤，压迫膀胱常会使尿样中红细胞及蛋白质含量增加，另外，当动物发生尿道阻塞、膀胱外伤或近期做过膀胱手术，均不能采用压迫膀胱法进行采尿。

导尿法采集尿样应尽量在无菌条件下进行。公犬比较好操作，采集到的尿液不会被尿生殖道或环境污染，但导尿法采集尿液在不镇静或麻醉的情况下，会因动物抗拒，操作较困难费时，有可能会造成泌尿道的逆行感染，可能会因为操作原因，造成尿液里的红细胞、白细胞、尿道和膀胱上皮细胞增加，并有膀胱或尿道破裂的风险，此外，公猫不适用此法，采尿过程中尿道的损伤可能导致后期继发尿道阻塞。

膀胱穿刺法在膀胱较充盈的时候采尿比较容易，造成感染的几率很低，同时可以避免尿道口、阴道、阴茎包皮及会阴污染物的污染，对身体状态不佳或采用其他方式难以采尿的动物来说，操作方便，但穿刺采集的尿液里可能含有较多的红细胞和白细胞，有可能造成尿腹，而且对近期有过膀胱手术或膀胱张力减退、有膀胱移行上皮癌的动物不能采用此法进行采尿。

【技能训练】

Ⅰ　收集自然排尿

一、所需用品

试剂杯。

二、内容及步骤

1. 给动物戴好牵引，持试剂杯，带动物到外面牵遛。

2. 仔细观察动物，当动物出现排尿动作时，趁机收集尿液。尽量采中段尿。

3. 也可将试剂杯交给动物主人，让动物主人带其宠物到外面牵遛，收集尿液后回来进一步化验。

三、注意事项

1. 随着时间的延长，尿液中的细胞可能发生裂解，析出晶体，因此，应采集30min以内的新鲜尿液进行化验及检查。

2. 犬尽量采集早晨的第一次尿，此时的尿液比较浓缩。猫对采集时间不如犬重要。

3. 采集自然尿应采集中段尿。

Ⅱ　压迫膀胱采尿

一、所需用品

试剂杯。

二、内容及步骤

1. 对动物进行麻醉或镇定。

2. 挤压动物膀胱，接取尿液。

三、注意事项

若动物膀胱充盈，但压迫膀胱未有尿液流出，有可能是尿道阻塞，应采取膀胱穿刺采集尿样。

Ⅲ　导尿法采集尿样

一、所需用品

导尿管、润滑剂、一次性注射器、生理盐水、抗菌液、纱布。

二、内容及步骤

内容及步骤详见导尿任务。

三、注意事项

1. 应小心安插输尿管，注意插入的深度，以免损伤尿道及膀胱黏膜。

2. 尿道阻塞的动物禁用此方法采尿。

Ⅳ　膀胱穿刺法采集尿样

一、所需用品

电剪、酒精棉球、0.5% 盐酸利多卡因溶液、穿刺套管针、一次性注射器、碘酊棉球。

二、内容及步骤

1. 动物前躯侧卧，后躯半仰卧保定。

2. 术部剪毛：于耻骨前缘 3 ~ 5 cm 处腹白线一侧腹底壁处电剪剃毛，也可根据膀胱充盈程度确定其穿刺部位。

3. 术部用酒精棉球涂抹消毒。

4. 0.5% 盐酸利多卡因溶液局部浸润麻醉。

5. 膀胱不充盈时，操作者一手隔着腹壁固定膀胱，另一手持接有 7 ~ 9 号针头的注射器，其针头与皮肤呈45°角向骨盆方向刺入膀胱，回抽注射器活塞，如有尿液，证明针头在膀胱内。

6. 膀胱充满，可选12～14号针头，当刺入膀胱时，尿液便从针头射出。可持续地放出尿液，以减轻膀胱压力。

7. 穿刺完毕，拔下针头消毒术部。

8. 将尿样立即送检化验。

三、注意事项

1. 膀胱穿刺过程中要严格遵守无菌操作，防止尿路感染。

2. 通过膀胱穿刺采取的尿样可能出现短时间的肉眼可见的或显微镜镜检可见的血尿。

3. 有些猫在穿刺以后可能会发生唾液分泌旺盛或呕吐(发生了迷走神经反应)。

4. 有移行细胞癌的动物不能采用膀胱穿刺采尿。

5. 已知有气性膀胱炎的动物禁止穿刺，因为会加大尿腹的可能。

6. 当血小板低于10 000u时禁止穿刺。

环节二　尿液检测

为了达到不同的诊断目的，常见的尿液的检测项目有：尿液比重检查、尿液酸碱度的检测、尿样的显微镜检查，以及使用尿液分析仪检测尿液中尿酮、尿糖、尿蛋白等多项尿液指标。此外，还应对动物尿液进行观察，将尿液颜色、浑浊程度、尿量以及排尿异常动作做记录。

Ⅰ　尿液比重检查

【知识学习】

尿液比重是指尿液重量在同样温度下与同样体积的纯净水重量的比值。犬猫专用尿比重计可以反映尿液中不溶物质的浓度，并能反映肾脏浓缩功能的情况。如果肾小管受到破坏，那么在病变的早期就能发现有尿比重的改变。

【技能训练】

一、所需用品

尿样、犬猫专用尿比重计。

二、内容及步骤

1. 将尿液滴在棱镜上面。
2. 按开始键，等待 2 ~ 3s，读数测量值。

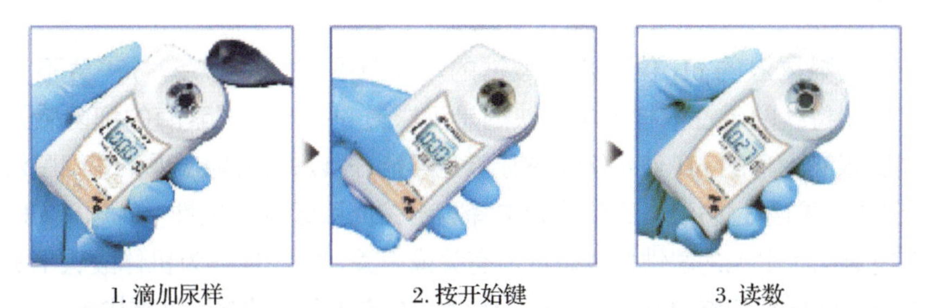

1. 滴加尿样　　2. 按开始键　　3. 读数

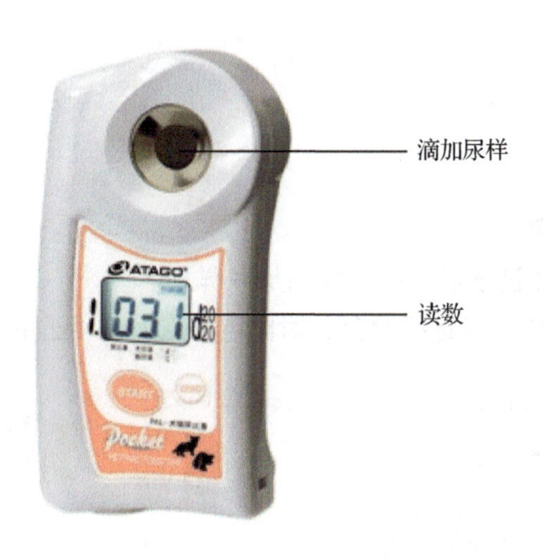

三、技术参数

测量范围：

狗的折射率：1.000 ~ 1.060RI

猫的折射率：1.000 ~ 1.080RI

溶解值：尿液比重 0.001

测量准确度：尿比重标度 ±0.001

温度补偿范围：10 ~ 35℃

使用环境温度：10 ~ 35℃

样本量：0.3mL

测量时间：3s

Ⅱ　酸碱度检测

【知识学习】

正常犬猫尿液的 pH 值通常是酸性的，其范围在 5.5～7.5。pH 值不正常的原因有：①持续的碱性尿样最常反映的是泌尿道受能产生尿素酶的细菌感染，但不会改变尿液本身的 pH 值；②碱性尿液也可能在食后暂时地出现；③细菌污染尿样可能在检查前经过防治，致使尿素中释放出铵而引起尿变碱性；④尿液 pH 值可能与系统紊乱时出现的酸性血或碱性血有关或无关，故不能作为机体酸碱平衡的指针；⑤尿液酸化剂和碱化剂可以改变 pH 值；⑥应激引起的呼吸性碱中毒。

【技能训练】

一、所需用品

尿样、pH 试纸。

二、内容及步骤

1. 撕下一条 pH 试纸条，在一端滴加尿样。
2. 将试纸对照比色卡进行比色，对比色卡上颜色相近的色块读数。

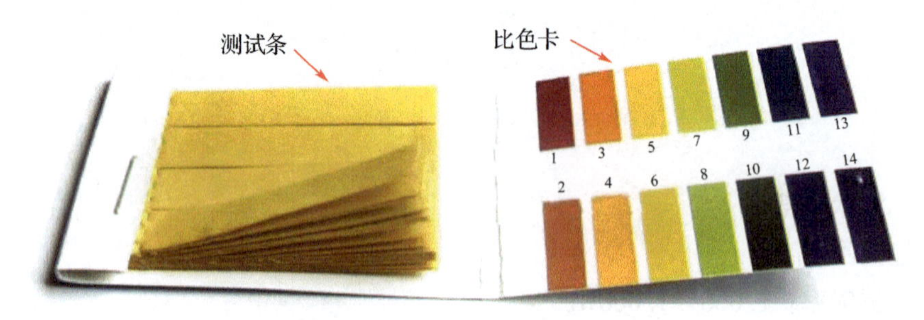

pH 试纸

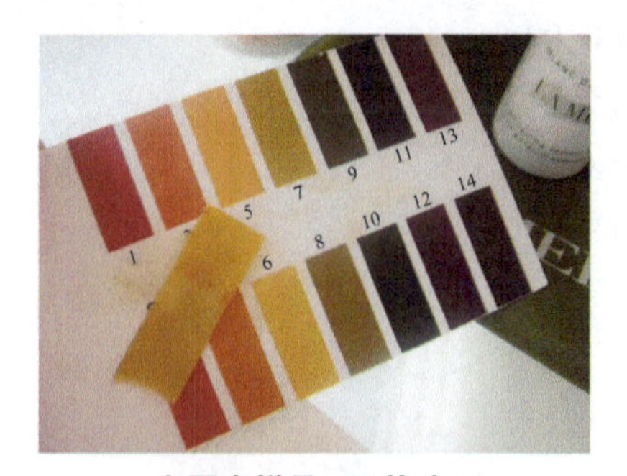

上图中样品 pH 值为 6

三、注意事项

1. 滴加样品后应尽快比色，久置的样品试纸条颜色不准。

2. pH 试纸应谨慎放置，避免与酸碱性液体接触，避免潮湿。

Ⅲ　尿液分析仪的操作

【知识学习】

尿液分析仪是用来检测尿液中各项化学生物成分的仪器，可以检测动物尿液中的酸碱度、亚硝酸盐含量、尿糖、维生素 C、尿比重、尿隐血、尿蛋白质、尿胆红素、尿胆原、酮体以及尿液中的白细胞数量等诸多指标。且操作简便，易于使用，是动物实验室检查的常备项目。

【技能训练】

一、所需用品

尿样、尿液分析仪、试纸条、干棉球。

二、内容及步骤

1. 开机，仪器自检。

2. 待仪器自检完毕，取试纸条一根，将尿样滴在尿液分析仪的样品检测方框内，将试纸条插入分析槽内。

3. 开始分析：按住 enter 键，大约 1s，机器自动开始检测。

4. 当分析结束，仪器发出蜂鸣声，按数下┘键，直至光标消失，机器自动打印。

5. 用干棉球将分析槽擦净，将分析槽推入机器内，关机。

6. 撕下打印结果，粘贴于化验单上，化验员签字。

三、注意事项

1. 冷藏的尿液应恢复至常温以后再检测，因为化学试剂片的反应受温度的影响。

2. 读取化验报告时要注意尿液采集的方式，采集尿液的不同方式会影响到化验结果的判读。

Ⅳ 尿样镜检

【知识学习】

尿样镜检是指用显微镜对离心后的尿液沉渣物(尿中的有形成分)进行检查，尿沉渣镜检是尿液化学分析仪不能替代的，对泌尿系统疾病的诊断有十分重要的意义。

【技能训练】

一、所需用品

尿样、刻度离心管、离心机、盖玻片、载玻片、显微镜、移液枪。

二、内容及步骤

1. 离心：于刻度离心管中倒入混匀后的新鲜尿液 10mL，2000r/min 离心 5min。

2. 弃上清：弃去上清液，留下 0.2mL 尿沉渣并混匀。

3. 涂片：用移液枪取混匀尿沉渣 0.02mL，滴在载玻片上，用盖玻片覆盖。

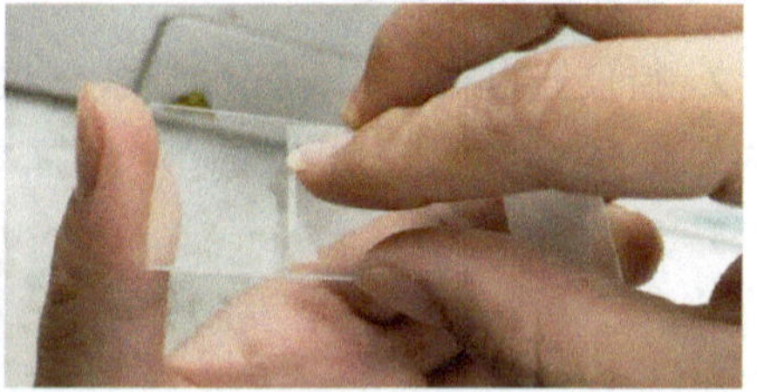

尿样推片

4. 观察计数：先用低倍镜观察全片细胞、管型等成分的分布情况，再用高倍镜确认。

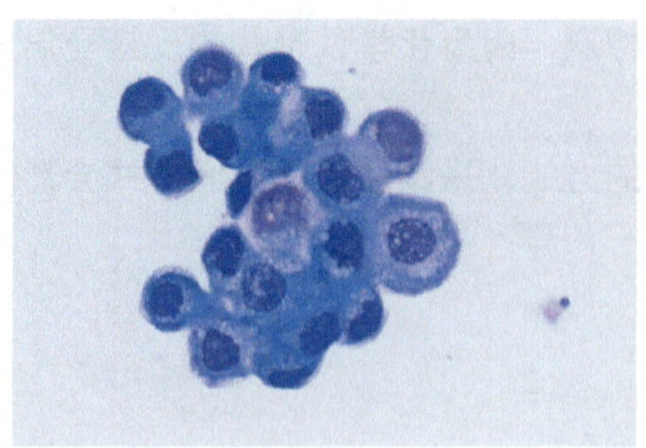
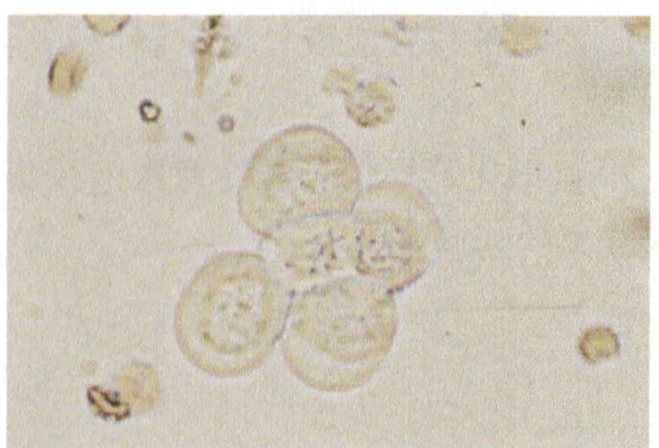

细胞

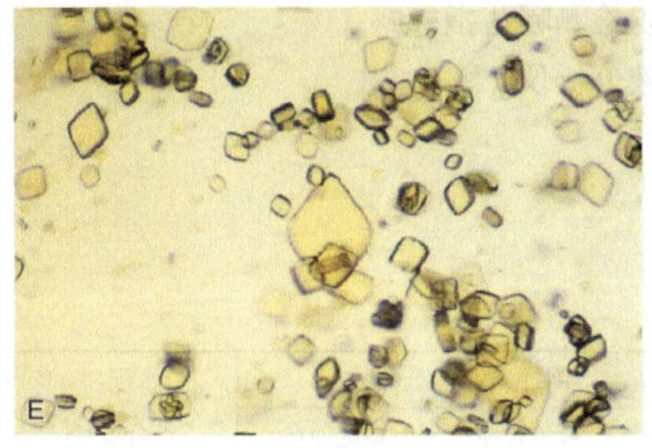

尿酸结晶

硫酸铵镁结晶

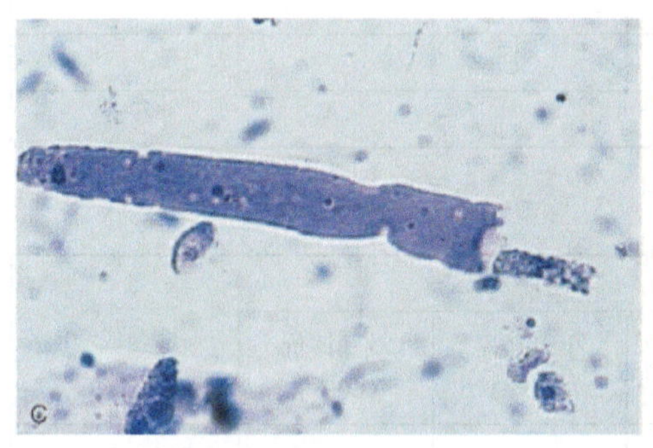

管型

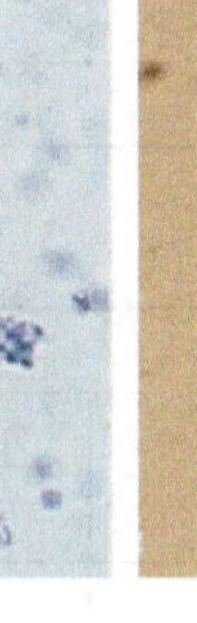

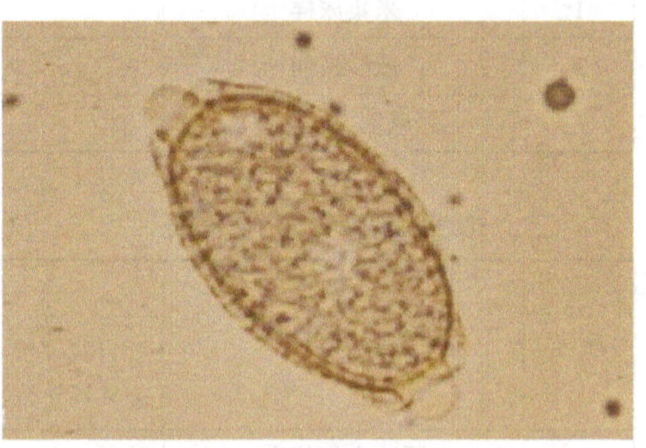

虫卵

三、注意事项

1. 最好取晨尿在1h内检查。

2. 一般应留取中段尿，雌性动物尿液内可能因为混有阴道分泌物而可见大量的上皮细胞和白细胞，必要时可冲洗外阴后留取中段尿检查。

3. 镜检时光线要适宜，光线过强可使透明管型漏检。低倍镜发现管型，须用高倍镜辨认。

4. 镜下发现红细胞，应进一步作形态分类，以鉴别肾小球性及非肾小球性血尿。

5. 计数时要注意有无其他异常巨大细胞、寄生虫虫卵、细菌、滴虫、黏液丝等。

【思考与讨论】

1. 尿样的采集有哪几种方式?

2. 你能正确采取动物尿样么?

3. 尿液的检查方法有哪些？分别可以检测哪些指标？
4. 什么是尿液分析仪？如何使用尿液分析仪？
5. 对尿沉渣的镜检能观察到什么？

【考核评分】

一、技能考核评分表

序号	考核项目	测评人			综合成绩
		自我评价（15%）	小组互评（25%）	教师评价（60%）	
1	采集尿样				
2	尿样检测				
总成绩					

二、情感态度考核评分表

序号	考核项目	测评人			综合成绩
		自我评价（15%）	小组互评（25%）	教师评价（60%）	
1	团队合作能力				
2	组织纪律性				
3	职业意识性				
总成绩					

三、考核内容及评分标准

考核内容	考核项目	评分标准	
理论技能知识	采集尿样	能根据医嘱及检验方法正确采集尿样	30
		不能掌握全部的采集尿样的方法，采样困难	18
		不能安抚动物，无法完成采样	0
	尿检流程与操作	熟悉所有尿样检测方法，能正确对采集的尿样进行检测，操作规范	40
		能够执行部分尿样检测方法，能比较正确对采集的尿样进行检测，操作比较规范	24
		不能完成尿样检测工作，无法对采集的尿样进行检测，操作不规范	0

（续）

考核内容	考核项目	评分标准	
情感态度	团队合作能力	积极参加小组活动，团队合作意识强，组织协调能力强	10
		能够参与小组课堂活动，具有团队合作意识	6
		在教师和同学的帮助下能够参与小组活动，主动性差	0
	组织纪律性	严格遵守课堂纪律，无迟到早退，不打闹，学习态度端正	10
		遵守课堂纪律，有迟到早退现象，有时做与课程无关事宜，学习态度较好	6
		不遵守课堂纪律，迟到早退，做与上课无关事宜，并不听老师劝阻，态度差	0
	职业意识性	有较强的安全意识、节约意识、爱护动物的意识	10
		安全意识较差，节约意识不强，对动物不爱护	6
		安全意识差，节约意识差，对动物动作粗暴	0

任务五　粪便检查

通过粪便检查，可以查到蠕虫等寄生虫虫卵、幼虫、成虫、体节等，进而鉴定出寄生虫的种类及所患寄生虫病。粪便检查法通常可以检查出寄生在消化道、呼吸道以及泌尿生殖系统的寄生虫病。因此，该法是诊断动物寄生虫病的一种简便、常用的重要方法。

【任务描述】

某客户带自家宠物犬到宠物医院就诊，医生开具寄生虫粪便检查要求，要求医生助理采集粪样，并进行寄生虫粪检。

【任务目标】

1. 掌握动物粪样采集的方法。
2. 掌握粪检寄生虫的常用方法和操作流程。
3. 通过完成本任务，能对寄生虫及虫卵进行粪便检查。
4. 培养学生安全操作、团结合作、严谨细致的素养。

【任务流程】

粪样采集—粪样检测

环节一　粪样采集

【知识学习】

粪便检查是诊断寄生虫病常用的方法。要取得准确的结果，粪便必须新鲜，送检时间一般不宜超过24h。如检查肠内原虫滋养体，最好立即检查。盛粪便的容器要干净，并防止污染与干燥；粪便不可混杂尿液等，以免影响检查结果。

【技能训练】

一、所需用品

粪便、竹签、干净器皿。

二、内容及步骤

1. 用干净的竹签选取含有黏液、脓血等病变成分的粪便。

2. 外观无异常的粪便须从表面、深处及粪端多处采样，采样量至少为黄豆粒大小。

三、注意事项

1. 粪便检验应取新鲜的标本，盛器洁净，不得混有尿液，不可有消毒剂及污水，以免破坏有形成分，使病原菌死亡和污染腐生性原虫。

2. 粪样采集后应尽早送检，否则可能因 pH 或消化酶等影响导致有形成分破坏分解。

环节二　粪样检测

宠物临床常用的粪便虫卵检测方法主要有直接涂片法与集卵法 2 种，直接涂片法是将新鲜粪便直接涂片进行镜检。集卵法是将粪便沉淀集卵，再收集虫卵进行镜检，通过虫卵与水的比重不同，集卵法又分为饱和食盐水漂浮法和沉淀法 2 种方法，饱和食盐水漂浮法可检出较轻的虫卵，沉淀法可检出较重的。

临床中有时也可在粪便中直接发现寄生虫虫体，可通过虫体形态判断是何种寄生虫感染。另外，粪便的颜色、干稀程度或有无特殊气味，也对疾病的诊断有提示作用。

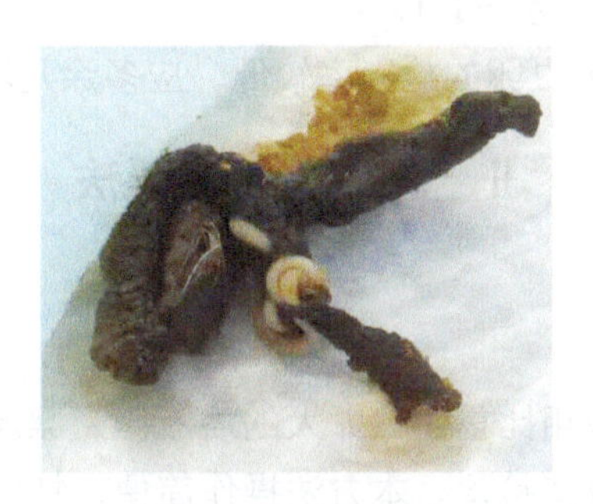

粪便中的蛔虫成虫

Ⅰ　直接涂片法

【知识学习】

直接涂片法用以检查蠕虫卵、原虫的包囊和滋养体。该方法操作简便、快速且不需要很多仪器设备，对各种虫卵都有检出的可能，但检出率较低，连续多次涂片，可以提高检出率。

【技能训练】

一、所需用品

粪样、载玻片、盖玻片、甘油水、显微镜。

二、内容及步骤

1. 在清洁的载玻片上滴 1 ~2 滴甘油水。
2. 取少量的粪便与载玻片上的清水混匀，去除大的杂质。
3. 盖上盖玻片，放置显微镜下直接观察。

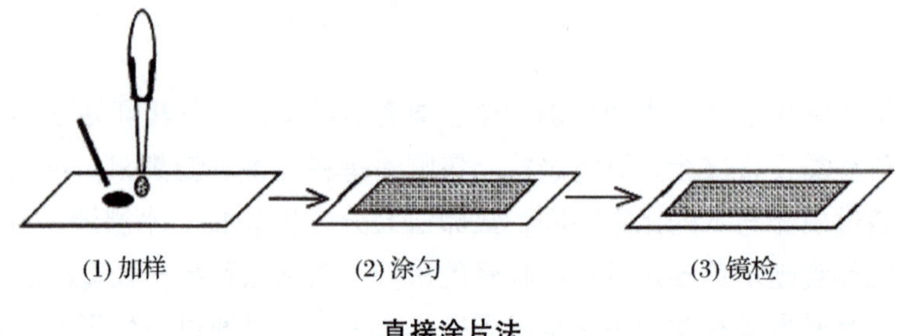

直接涂片法

三、注意事项

1. 甘油水配比为甘油∶水 =1∶1。
2. 直接涂片法对寄生虫卵的检出率较低，应多涂几次，反复观察。

Ⅱ　饱和盐水漂浮法

【知识学习】

饱和盐水漂浮法是应用比重比虫卵大的溶液作为漂浮液，使虫卵或卵囊等漂浮于液体表面，以便于收集检验。本方法操作简便，特别是对大多数的线虫卵及球虫卵囊等比重较轻的虫卵，本办法具有特别的效果，检出率很高。因此，在兽医预防和诊断的工作中应用十分广泛。然而，对比重较大的虫卵(如吸虫卵、棘头虫卵)检出的效果很差。

【技能训练】

一、所需用品

粪样、烧杯、纱布、载玻片、盖玻片、显微镜。

二、内容及步骤

1. 取约 10g 粪便放在平皿或烧杯中，并将其压碎。
2. 用 10 倍量的饱和生理盐水与其搅拌混合。
3. 用纱布或粪筛进行过滤。
4. 静置后，取少量上层液体进行镜检。

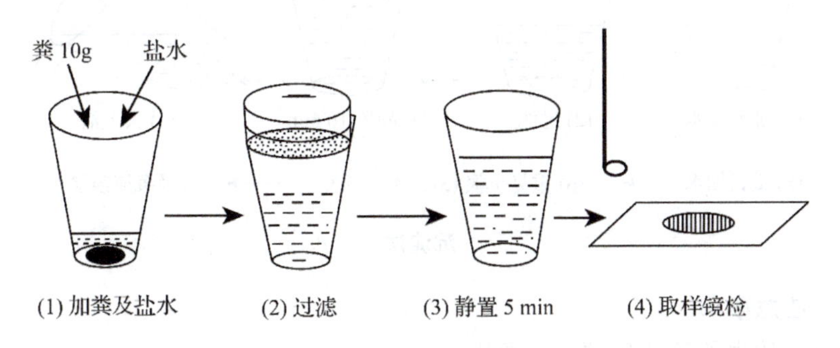

饱和盐水漂浮法

三、注意事项

比重较大的虫卵无法用漂浮法检出。

Ⅲ 沉淀法

【知识学习】

当寄生虫虫卵的比重比水重时，粪便溶于水后可自然沉于水底，因此可利用自然沉淀的方法，将虫卵集中于水底便于检查。沉淀法多用于比重较大的虫卵如吸虫卵和棘头虫卵的检查。饱和盐水漂浮法无法检出的吸虫卵、棘头虫卵和绦虫节片，可采用沉淀法，特别是在同一种粪样收集量较多的时候，多采用该方法。沉淀法对比重较小的虫卵检出率则非常低。

【技能训练】

一、所需用品

粪样、烧杯、纱布、载玻片、盖玻片、显微镜。

二、内容及步骤

1. 取5～10g粪便捣碎后，放于一容器内，加5～10倍量清水搅匀。
2. 经40～60孔铜筛过滤后，让滤液自然沉淀约20min，倒掉上清液。
3. 反复过滤2～3次，至上清液清亮为止。
4. 最后倾倒掉大部分上清液，留约为沉淀物1/2的溶液量，用胶帽吸管吹吸。均匀后，吸取少量于载玻片上，加盖玻片镜检。

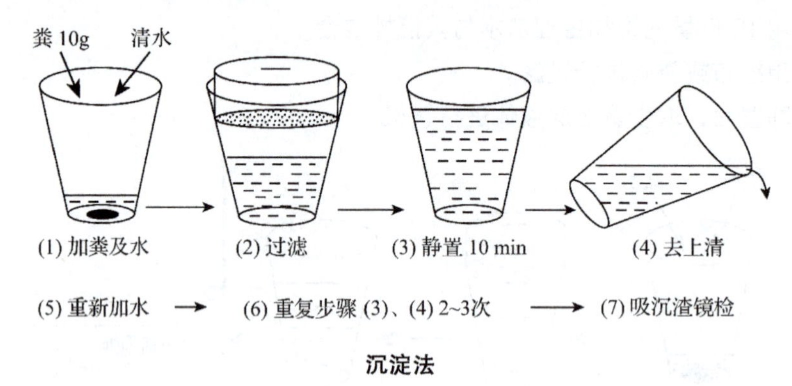

沉淀法

三、注意事项

比重小的虫卵无法用漂浮法检出。

【思考与讨论】

1. 应如何采集粪样？
2. 直接涂片法可以检测出哪些寄生虫卵？如何进行检测？
3. 饱和盐水漂浮法可以检测出哪些寄生虫卵？如何进行检测？
4. 沉淀法可以检测出哪些寄生虫卵？如何进行检测？

【考核评分】

一、技能考核评分表

序号	考核项目	测评人			综合成绩
		自我评价（15%）	小组互评（25%）	教师评价（60%）	
1	采样				
2	粪检				
总成绩					

二、情感态度考核评分表

序号	考核项目	测评人			综合成绩
		自我评价（15%）	小组互评（25%）	教师评价（60%）	
1	团队合作能力				
2	组织纪律性				
3	职业意识性				
总成绩					

三、考核内容及评分标准

考核内容	考核项目	评分标准	
理论技能知识	采样	能正确对粪样进行采集，能做到不污染样品	20
		采样时不注意细节，采集样品被污染	12
		怕脏，无法完成采样	0
	粪检流程与操作	熟悉粪检工作的全部流程，能正确对粪样进行涂片法与集卵法的涂片制备，能镜检并发现虫卵，操作规范	50
		粪检工作流程不流畅，能比较正确的进行粪样涂片或集卵法的涂片制备，镜检时会混淆虫卵，操作较规范	30
		不了解粪检流程，不能制备粪样涂片，镜检时无法发现虫卵，操作不规范	0
情感态度	团队合作能力	积极参加小组活动，团队合作意识强，组织协调能力强	10
		能够参与小组课堂活动，具有团队合作意识	6
		在教师和同学的帮助下能够参与小组活动，主动性差	0
	组织纪律性	严格遵守课堂纪律，无迟到早退，不打闹，学习态度端正	10
		遵守课堂纪律，有迟到早退现象，有时做与课程无关事宜，学习态度较好	6
		不遵守课堂纪律，迟到早退，做与上课无关事宜，并不听老师劝阻，态度差	0
	职业意识性	有较强的安全意识、节约意识、爱护动物的意识	10
		安全意识较差，节约意识不强，对动物不爱护	6
		安全意识差，节约意识差，对动物动作粗暴	0

单元三 影像学检查

一、单元介绍

影像学是研究借助于某种介质(如X射线、超声波等)与动物体相互作用，把其内部组织器官结构、密度以影像方式表现出来，供诊断医师根据影像提供的信息进行判断，从而对宠物健康状况进行评价的一门科学。随着影像学的发展，越来越多的宠物医院引进了X光、超声、内窥镜等影像学检查仪器，并具备了对动物进行影像学检查的技术。本单元主要介绍几种宠物临床常用的影像学检查技术，根据岗位工作的实际内容，针对中职学生的培养目标，设置合理的学习任务，以满足宠物医师助理对于相关职业技能以及专业知识的需要。

二、单元目标

知识目标：掌握X光摆位要点及X光机的参数调试方式，掌握B超检查步骤及B超的日常维护方法，了解内窥镜检查流程并掌握内窥镜的养护方法，了解心电图检查的方法及电击的放置方法。

能力目标：能为动物的X光拍摄进行正确摆位并操作X光机拍摄，能协助医师为动物做好B超前准备，能做好内窥镜的日常养护工作，能协助医生为动物放置心电图电极。

情感目标：树立科学护理宠物疾病与安全规范操作的意识，培养关爱动物的职业精神及自我保护意识。

三、学习单元内容

1. X线片拍摄
2. B超检查
3. 内窥镜检查

4. 心电图检查

四、教学成果形式

1. 对动物进行 X 光摆位并操作 X 光机进行拍摄
2. 对动物进行 B 超前准备并维护 B 超机
3. 对内窥镜进行日常养护
4. 正确放置心电图电极

五、考核内容及标准

<table>
<tr><th>考核内容</th><th>占单元成绩权重（%）</th><th>考核方式</th><th>评价标准</th><th>单元成绩权重（%）</th></tr>
<tr><td>理论知识</td><td>60</td><td>笔试</td><td rowspan="3">见各任务评价明细</td><td rowspan="3">10</td></tr>
<tr><td>操作技能</td><td>20</td><td>仪器使用</td></tr>
<tr><td>情感态度</td><td>20</td><td>过程性考核</td></tr>
</table>

任务一 X 线片拍摄

影像学检查是用于间接观测体内结构的古老方法。1895 年在德国伍兹堡，伦琴发现了 X 射线。从那时起，这项技术和设备就在不断发展改进。现在 X 线片拍摄已经广泛应用于宠物医院临床，如何对患病动物进行正确摆位、如何测量拍摄部为厚度、如何设定 X 光机的各项参数，都对 X 线片的拍摄质量有重要的影响，而 X 线片的拍摄质量又对于宠物疾病的诊断有至关重要的意义。宠物医师助理应掌握 X 线片拍摄的知识与技能，在此项检查过程中为医师提供适当的辅助。

【任务描述】

某客户带一疑似右腕骨骨折的小狗来医院就医，宠物医师开具 AP(背掌位) ML(内外位)的 X 线片，医师助理按医嘱对动物摆位并进行 X 光拍摄。

【任务目标】

1. 掌握 X 线片拍摄的流程与方法。
2. 掌握常用 X 线片拍摄摆位方法。
3. 掌握 X 光机的参数设置方法。
4. 学会对动物进行 X 线片拍摄。
5. 培养学生安全操作、爱护仪器、严谨细致的精神，培养学生自我防护意识。

【任务流程】

准备工作—动物摆位保定—卡尺测量—X 光机参数调节—X 线片拍摄及胶片冲洗、打印

环节一 准备工作

【知识学习】

在思考如何拍摄 X 线片前，需要了解安全放射知识。射线是有害的，可对体

细胞造成广泛的损伤，引起生殖细胞基因发生变化从而影响生育能力。射线引起的细胞损伤程度是不同的，快速分裂的细胞如胎儿、骨髓、皮肤和未成熟的细胞对放射线最为敏感。单次大剂量接触和长期多次小剂量累积均可造成损害，对基因的伤害会在后代中显现。因此，遵从合理的安全措施可以尽可能避免或减少放射伤害的发生。

射线不能通过感知被发觉到，因此在放射源附近的工作人员应佩戴放射量测定仪，以监测放射操作者的受辐射程度。从业人员的放射累积量标准是每年0.005Sv，任何人员都不能将身体的任何部位暴露于射线直射的地方，18岁以上的人员才能在有射线的房间工作，孕妇不能参与X线片拍摄工作，放射操作人员轮班工作也是降低放射线危害的有效途径。

当置身于放射线的辐射范围时，放射防护应从个人防护装备做起，包括铅手套、铅围裙、铅围脖、铅眼镜和铅帽等。所有铅保护设施使用后必须悬挂，不能折叠。手套必须放在手套架上或往手套内塞入两头通透的筒状物确保通风，再将其平放。所有铅服必须定期放射检查是否有裂缝，工作时始终佩戴自己的放射量测定仪，放在铅围裙的领口上，面朝外。尽量不要在放射区域停留。

减少放射危害的第二步是减少人工保定动物。如果允许，可将动物进行麻醉或深度镇静，摆位时可借助沙袋、泡沫楔和绳索。通过正确设定拍摄条件、合理摆位动物、准确测量拍摄部位厚度来减少不必要的重复拍摄，尽可能使用满足拍摄需要的最小片盒，使用束光器减少被照射的范围。

严格地遵守这些规定可减少放射危害，需要注意的是，放射线的伤害是不可逆的。对于放射线辐射过度的动物和操作人员最佳的治疗方法是支持性疗法。对妊娠期的雌性动物进行放射线辐射会导致新生儿终生残疾。放射危害可终生蓄积，每次放射操作中采取简单的预防措施会避免对健康的伤害。

另外，对于X线片拍摄前的准备工作还应准备好放射日志文件表单。放射日志内容主要包括以下几点：①日期；②X线片编号；③患病动物信息(名字、品种、性别、年龄、体重等)；④拍摄部位；⑤拍摄部位厚度(cm)；⑥体位；⑦kV参数；⑧mA参数；⑨时间(s)；⑩拍摄质量；⑪诊断；⑫备注。

填写放射日志有利于与患病动物的后续拍片进行技术对比，记录每一张X线片的拍摄参数，可以作为提高拍片质量的参考和依据。

【技能训练】

一、所需用品

铅服(铅手套、铅围裙、铅帽等)、辐射量测定片、放射日志表单。

二、内容及步骤

1. 确认患病动物信息，记录放射日志表单上日期、X 线片编号、患病动物信息等内容。

2. 根据医嘱要求，填写放射日志表单(体位)内容。

3. 穿戴上所有个人防护装备，包括铅手套、铅围裙、铅围脖、铅帽等。

4. 确认辐射量测定片正面朝外，佩戴在铅围裙的领口处。

5. 准备辅助保定设施，如沙袋、绳索等。

三、注意事项

1. 时刻谨记安全第一，定期检查安全设备有无裂隙，做好个人防护工作。

2. 定期检查增感屏有无裂缝缺损，定期清洁设备。

3. 放射日志保存在放射区内的文件夹中，并在文件夹上栓一支笔，拍片过程中可随时记录。

环节二　动物摆位保定

【知识学习】

动物摆位是操作人员为了能够准确拍摄患病动物待检部位的 X 线片，有目的的对动物进行的保定手法和措施。在确定动物的拍摄体位后，操作人员应将动物按医嘱吩咐的体位摆好姿势。摆位的目的是尽量维持动物在 X 线片中的正常解剖结构，避免其他组织器官重叠在检查部位上，射线的中心要位于检查部位正中，每个检查部位至少拍两张互成正确角度的片子。对动物摆位时，可借助沙袋、泡沫楔、绳索和胶带等辅助物品帮助人员进行保定。

在动物进入放射室前，应对待检部位、摆位方法、拍摄位置与范围等内容牢记于心，并做好防护准备工作，方可带动物进入放射室，这样可以减少人员压力，避免动物应激，从而使操作人员能专心准备工作。

美国兽医放射专家与解剖专家委员会(ACVRA)是指定兽医放射解剖方向性术语及其简写的权威机构。为了正确标记 X 线片的拍摄内容，操作人员应熟悉体位术语和缩写。下面是一些体位术语和缩写：

①左(Lt)：动物的左侧或左肢；

②右(Rt)：动物的右侧或右肢；

③前(A)：相对于动物横断面的前侧；

④后(P)：相对于动物横断面的后侧；

⑤背或脊(D)：身体的上部，包括头、颈、背和尾的背侧；

⑥腹(V)：身体的下部，包括头、颈、胸、腹和尾的腹侧；

⑦掌(Pa)：前肢腕关节以下，用于替代“末端”；

⑧跖(Pl)：后肢跗关节以下，用于替代“末端”；

⑨内侧(M)：肢体的内表面，靠近动物正中矢状面的一侧；

⑩外侧(L)：肢体的外表面，远离动物正中矢状面的一侧；

⑪头侧(Cr)：相对于某一点处于头侧的部位，也可用前部表示；

⑫尾侧(Cd)：相对于某一点处于尾侧的部位，也可用后部表示；

⑬嘴(R)：头上任何朝向口鼻的部位；

⑭斜(O)：45°角，水平和垂直面间的夹角；

⑮卧(recumbent)：平躺。

上述体位术语在使用时，往往是两个相对的缩写字母连用，其中第一个字母代表射线进入体内的面，第二个字母代表射线射出体外的面。例如：医嘱要求拍动物的VD腹片，应当对动物进行仰卧保定，前肢平行向头侧伸拉至头部以前，后肢平行向尾部拉直远离身体，射线的焦点应对准动物第13根肋骨的末端连线正中，射线从腹部射入动物身体，从背部穿出，体位为腹背位，即VD位。

在对动物进行拍摄摆位时，应严格按照医嘱规定的体位，将待检部位置于片盒与射线焦点正中，避免动物与操作人员的身体部位与之重叠，以拍摄出高质量的X线片。

【技能训练】

一、所需用品

沙袋、泡沫楔、X光机。

二、内容及步骤

1. 确定拍摄部位及体位：动物右腕骨AP(背掌位)和ML(内外位)。

2. 把右腕骨摆位成AP位。动物右侧卧，将左侧前肢向后方牵拉，远离拍摄部位；脖颈稍向背侧后仰，右侧前肢稍向前拉，置于投照处。投照中心位于右腕骨。

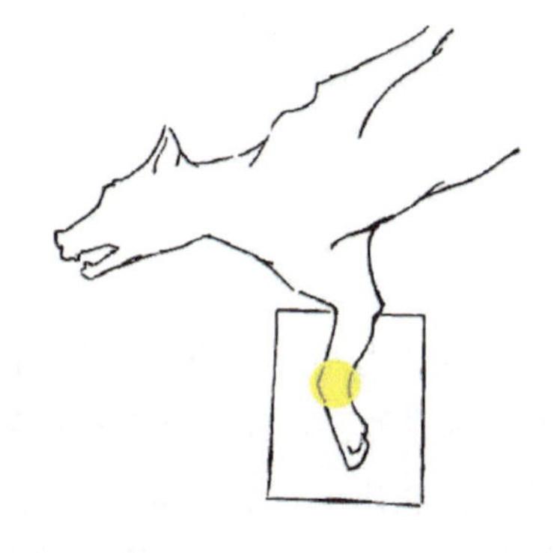

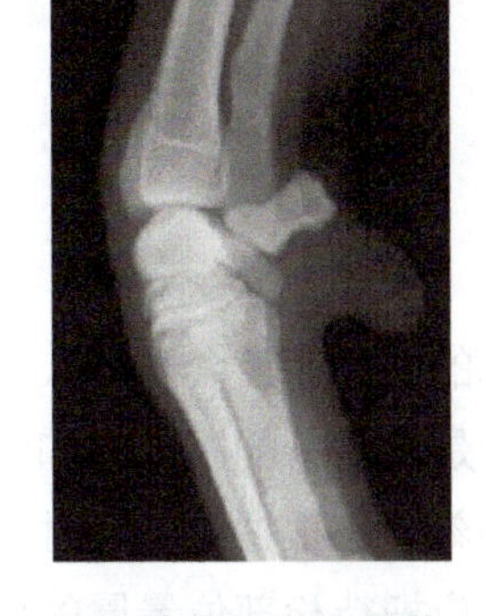

腕关节及腕骨侧位摆位示意图　　标准腕骨侧位 X 线片

3. 保持动物静止状态，完成右腕骨 AP 位拍摄。

4. 把右腕骨摆成 ML 位。动物俯卧保定，待拍片的右前肢置于台面上方，背侧向上，置于投照处。投照中心位于右腕骨。

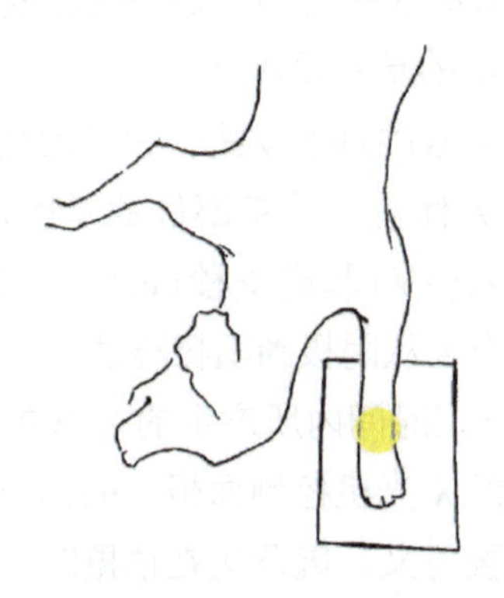

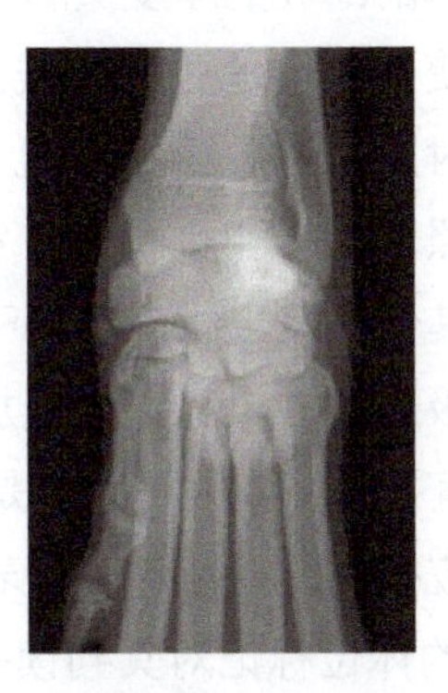

腕关节或腕骨正位 X 线片摆位示意图　标准腕关节正位 X 线片

三、注意事项

1. 尽量避免人工保定动物，可采用化学保定或辅助保定的物品，如沙袋等。

2. 应查看病理并确定拍摄部位与体位，确认动物摆位能够正确拍摄出医嘱的体位要求，可查询参考书籍确定拍摄部位的正确摆位。

3. 射线中心应位于检查部位正中。

4. 检查部位大多需要拍摄两张互成正确角度的片子，有时还需要拍更多角度的片子，应仔细查看医嘱要求，避免遗漏。

5. 应了解方位和解剖术语。

6. 电子 X 光机不需要片盒，只需将投照中心对准拍摄部位即可，老式的 X 光机需要将片盒放置于被拍摄部位。

环节三 X线片拍摄

【知识学习】

动物机体的组织厚度会影响X射线的穿透力。为了测定组织解剖厚度，必须使用卡尺。它是由平行的固定尺和活动尺构成的，活动尺上下移动的垂直杆上有厘米和英寸的刻度。根据拍摄条件对照表，使用卡尺时应读取相应的单位刻度。使用卡尺时，应把待检部位最厚的部分置于卡尺之间，上下移动活动尺以使其正好固定在待检部位。读取活动尺下的刻度线。

应将卡尺放置于记录本附近以方便用。随着经验的增多，有些人会倾向于眼估而不用卡尺测量，这是造成拍摄质量低下和多次重拍的原因。花点时间测量不同摆位时每个解剖部位的厚度实际上会节约很多时间。切忌要测量待检组织最厚的部位。正确使用卡尺是提高X线片质量的基本要素之一。

拍摄条件对照表是设置X线机上各参数的基本模式，它是由被拍照部分的厚度决定的。对照表由行和列构成，第一列标明了检查部位的厚度(cm)。厚度确定后，从该行其他列找出相对应的千伏值(kV)和毫安秒(mAs)。其中千伏(kV)是指阴极和阳极之间的电势，用于加速电子从阴极到阳极移动，与X线片拍摄时X线的穿透力有关；毫安秒(mAs)是指一定时间内所产生的X线的量，即毫安乘以曝光时间。应根据拍摄条件对照表设置X光机控制面板上的相应参数。

对X线片的体位标记对其判读有重要意义，因此应在拍摄时，标注拍摄部位的左(L)右(R)。除此之外，动物的基本信息也应标注在X线片上。基本信息包括患病动物和动物主人名字或者病历档案号、宠物医院名称和拍片日期。根据宠物医院要求，还可以添加其他信息，如X线片编号等。

【技能训练】

一、所需用品

卡尺、X光机。

二、内容及步骤

1. 动物右腕骨摆位成AP位，置于卡尺之间，固定尺在关节下，活动尺轻轻放在关节上。读取刻度尺下缘的厘米数，在日志本的厚度栏记录测定的数值并在同一行的体位栏下标注AP。

2. 在拍摄条件对照表上查询相应的拍摄条件参数，并在 X 光机的控制面板上进行设置。

3. 在 X 光机的控制面板上输入患病动物基本信息，对动物拍摄的体位进行标记。

4. 清空无关人员，关闭放射室大门。保定人员保持动物摆位，拍摄人员进行拍摄。

5. 拍完第一张 X 线片后，重新摆位 ML 体位，再次测量关节厚度，设定 X 光机参数，重复以上步骤拍摄第二张 X 线片。

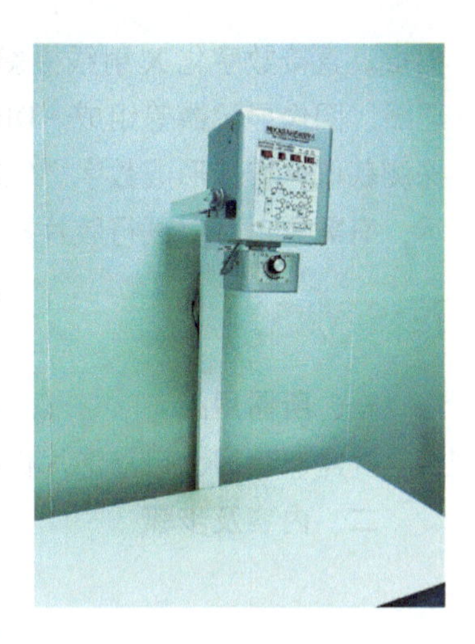

X 光机

三、注意事项

1. 卡尺读数时，应读取活动尺下侧的刻度线，切忌不可读取活动尺上侧的刻度线，否则会导致错误读数。

2. 在日志上应记录每张 X 线片的测量厚度和体位。

3. 如果 X 线片质量有问题，先检查调整旋钮和开关键。如果未发现任何问题，应重新测量动物待检部位厚度。

4. 拍摄前确定片盒内有胶片，DR 拍摄不需要片盒和胶片。

环节四　胶片冲洗或打印

【知识学习】

老式的 X 线片拍摄需要胶片冲洗，冲洗 X 线片的方法有 2 种，即人工冲洗和自动洗片机冲洗。自动洗片机相对人工冲洗有很多优势，最显著的优点是速度快，还有其每次洗片时恒定的溶液温度、恒定的时间都大大减少了冲洗失误，提高了冲洗质量。无论采用人工冲洗还是自动冲洗，都需要经历几个步骤，包括显影、清洗、定影、清洗和干燥，从片盒中拿出未冲洗的胶片到冲洗完成的整个过程都需要在暗室内进行，另外片盒内还需装入新的 X 线片。暗室内要装配低瓦的安全灯，这种灯中含有暗红色的过滤罩，不会影响 X 线片的质量。在暗室内工作时，应始终保持暗室门紧闭，隔绝外源光线，保持暗环境，且只能使用安全灯提供照明。

现在的宠物医院放射室多使用直接数字化 X 射线摄影系统(DR)进行 X 线片

拍摄。直接数字化 X 射线摄影系统（Digital Radiography，DR）由探测器、影像处理器、图像显示器等组成。DR 拍摄不需要洗片，X 线信号透射过动物身体后被探测获取，直接形成数字影像，数字影像数据随即传输到计算机，在显示器上显示，有需要也可以进行胶片打印。

【技能训练】

一、所需用品

片盒、暗房、自动洗片机、DR、胶片打片机。

二、内容及步骤

Ⅰ 胶片冲洗

1. 使用老式的 X 光机，需要冲洗胶片。先把装有已曝光的 X 线片放在工作台上，盒面朝下，打开安全灯并关闭暗室门。

2. 打开暗盒并把盒面反过来，提起片盒顶部使 X 线片自动从片盒中掉出。

3. 捏住 X 线片的一角，放入洗片机的进片口。胶片应对准滚轴，使 X 线片自动进入机器内冲洗。

4. 在胶片自动冲洗时，可将片盒中装入新片。

5. 胶片冲洗干燥完成后，会从洗片机出片口出来，将 X 线片交给宠物医师阅片。

Ⅱ DR 拍摄后打印

1. DR 系统拍摄后形成数字影像，传输到计算机。

2. 确认系统与打印机连接完好，确认打印机片盒内有胶片。

3. 选择打印选项，进行胶片打印。打印完成后，将 X 线片交给宠物医师阅片。

三、注意事项

1. 如果台面上或洗片机进片口内有未曝光的 X 线片，不能打开暗室门。

2. DR 系统拍摄后形成数字影像，可直接传输到计算机，供医师阅片，无需冲洗胶片。如有需要，再进行胶片打印。

【思考与讨论】

1. 什么是 X 光？X 光能帮助宠物医生诊断哪些疾病？

2. 拍摄 X 光片的步骤有哪些？

3. 在 X 光的拍摄过程中，有哪些需要注意的问题?

【考核评分】

一、技能考核评分表

序号	考核项目	测评人			综合成绩
		自我评价（15%）	小组互评（25%）	教师评价（60%）	
1	动物保定、摆位				
2	X 光片的拍摄				
总成绩					

二、情感态度考核评分表

序号	考核项目	测评人			综合成绩
		自我评价（15%）	小组互评（25%）	教师评价（60%）	
1	团队合作能力				
2	组织纪律性				
3	职业意识性				
总成绩					

三、考核内容及评分标准

考核内容	考核项目	评分标准	
理论技能知识	动物保定、摆位	保定确实，姿势正确，能安抚动物，能根据医嘱要求对动物进行拍摄摆位	50
		保定不确实，动物情绪不稳定，动物易挣脱，摆位姿势有少许错误	30
		无法完成保定，摆位姿势不正确	0
	X 光片拍摄	能够设置 X 光机参数，操作规范、熟练，流程掌握熟练	20
		对 X 光机使用方法不熟悉，参数设定需要依靠提示	12
		不会给 X 光设置参数，无法进行拍摄	0

（续）

考核内容	考核项目	评分标准	
情感态度	团队合作能力	积极参加小组活动，团队合作意识强，组织协调能力强	10
		能够参与小组课堂活动，具有团队合作意识	6
		在教师和同学的帮助下能够参与小组活动，主动性差	0
	组织纪律性	严格遵守课堂纪律，无迟到早退，不打闹，学习态度端正	10
		遵守课堂纪律，有迟到早退现象，有时做与课程无关事宜，学习态度较好	6
		不遵守课堂纪律，迟到早退，做与上课无关事宜，并不听老师劝阻，态度差	0
	职业意识性	有较强的安全意识、节约意识、爱护动物的意识	10
		安全意识较差，节约意识不强，对动物不爱护	6
		安全意识差，节约意识差，对动物动作粗暴	0

任务二 B超检查

随着医疗技术的发展，超声波在动物医学上的应用也在逐渐增加。超声影像技术可以提供动物机体器官的形态和结构的影像，能够用于所有机体器官的疾病和损伤诊断。相较于放射技术来说，其优点是设备体积相对较小且无射线。超声波检查技术在宠物医院临床上使用逐渐普及，宠物医师助理应对该项技术的相关知识与操作有所了解。

【任务描述】

宠物医师助理协助医生对动物进行 B 超检查，且用后对 B 超机进行维护保养。

【任务目标】

1. 掌握 B 超检查的方法和流程。
2. 能够准备超声检查设备，并协助医生为动物进行 B 超检查。
3. 培养学生安全操作、爱护仪器、严谨细致的精神。

【任务流程】

B 超设备的检查—B 超检查的基本操作—B 超设备的维护保养

环节一 B超设备的检查

【知识学习】

超声医学是声学、医学、计算机技术和电子工程技术相结合的一门新兴学科，近年来发展很快，它已成为现代动物医学临床中不可缺少的诊断方法。B 超可以清晰地显示各脏器及周围器官的各种断面像，由于图像富于实体感，接近于解剖的真实结构，所以应用超声可以早期明确诊断。超声诊断主要应用超声的良好指向性和与光相似的反射、散射、衰减及多普勒(Doppler)效应等物理特性，使用不同类型的超声诊断仪器，采用各种扫查方法，将超声发射到体内，并在组织中传播。由于各种组织的界面形态、组织器官的运动状况和对超声的吸收程度等不同，其回声有一定的共性和某些特性，结合生理、病理解剖知识与临床医学，观察、分析、总结这些不同的规律，可对患病的部位、性质或功能障碍程度做出概括性以至肯定性的判断。

B 超诊断仪一般由主机和探头两大部件组成。其中，主机的作用是显示超声信号影像，并对其进行编辑、记录。探头在控制信号的作用下，负责接收和发射超声波。一个主机可以配备一到多个探头，常用的探头包括：凸阵探头、线阵探头、高频线阵探头、腔体探头、心脏探头等。应根据 B 超诊断的检查部位和方法选择合适的探头进行检测。

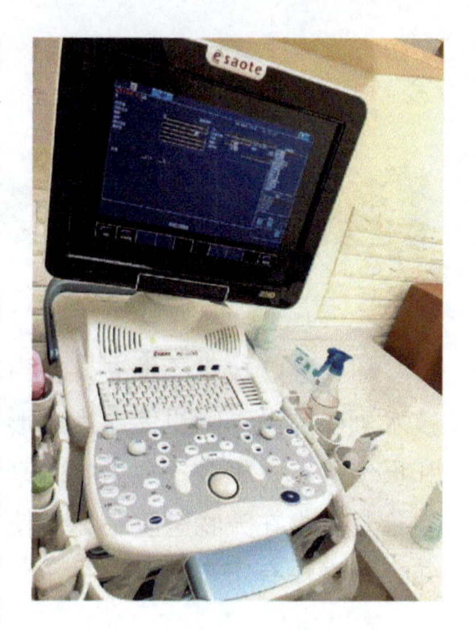

B 超诊断仪

【技能训练】

一、所需用品

B 超机、耦合剂。

二、内容及步骤

1. 对 B 超机电源性能进行检测。外接电源电压上下波动 10% 时对仪器灵敏度无影响，持续工作 3～4h，仪器性能无改变。

2. 检测 B 超机灰度和聚焦。在室内日常光照条件下，A 型超声诊断仪波型清晰，B 型超声诊断仪光点明亮。

3. 时标距离和扫描深度应准确且符合其机械和电子性能。

环节二　B 超检查的基本操作

【知识学习】

B 超检查是通过向动物体内发射一组超声波，并按一定的方向进行扫描，根据监测其回声的延迟时间、强弱，以判断脏器的距离及性质。经过电子电路和计算机的处理，使其形成 B 超影像，以指导医生对动物疾病进行诊断。

在 B 超扫查形成的影像中，骨骼、结缔组织、脂肪的组织间声阻抗相差大，回声反射强，影像为白；肝脏、肾脏、脾脏等实质器官声阻抗小，回声反射弱，影像为灰色；液体成分(如尿液、血液)声阻抗最小，回声反射最弱或无回声影像为黑色。因此，B超检查对动物腹腔疾病诊断，尤其是器官形态异常、变位、积液、肿瘤等症状具有很强的指导性。除了上述介绍的黑白影像B超，超声彩超还可以显示血液流动的情况，对心血管疾病的诊断有重要的意义。此外B超还能检查动物妊娠情况，对动物的繁殖育种具有指导意义。

【技能训练】

一、所需用品

B超机、耦合剂。

二、内容及步骤

1. 连接电压，电压必须稳定在199～240V之间。

2. 选用合适的探头。

3. 打开电源，选择超声类型。

4. 调节灰度及聚焦。

5. 两名助手将动物仰卧保定在诊疗台上，头前尾后，固定动物前后驱，并安抚动物，使其放松。

6. 动物腹部剃毛，剃毛范围从剑状突软骨下方至耻骨前缘，左侧暴露至肋骨下部，右侧暴露至倒数第3根肋骨处。在动物皮肤上及探头发射面涂抹专用耦合剂并开始检查。

7. 医生B超扫查。调节灰度、对比度、灵敏度和视窗深度。

8. 对检测画面进行冻结、存储、编辑；扫查其他部位，检查结束后将结果统一打印。

扫查

9. 将动物体表与探头上的耦合剂擦拭干净，关机并断开电源。

三、注意事项

1. 为动物进行 B 超检查一般不需要麻醉，若动物表现明显的腹痛或挣扎剧烈，可对动物注射药物进行镇静。

2. 小动物 B 超探头是有方向性的，为了读图方便通常设定探头的左端与屏幕的左侧相一致，屏幕显示应与检查者的观测方位一致。

3. 耦合剂应涂抹充分，排除探头与皮肤表面空气，使超声波能有效地穿入动物身体达到有效检测目的。

4. 影像学检查只是临床诊断的辅助检查，影像学即看影猜物，并不能够定性诊断。它表现为高中低的回声图像，需要动物医生结合动物临床表现和自己的经验才可以做出诊断，任何疾病不能够完全依赖 B 超而断定。

环节三　B 超设备的维护保养

【知识学习】

工作人员应负责确保超声系统安全，供日常诊断工作使用。每天在使用系统之前，执行日常检查表中的每一个步骤。系统的所有外部零件，包括控制板、键盘和探头，在必要时或两次使用之间都要进行清洁及消毒。

【技能训练】

一、所需用品

B 超机、耦合剂。

二、内容及步骤

1. 对所有探头进行外观检查，观察有无破裂、刺破、壳体脱色或电缆磨损。

2. 对所有电源线进行外观检查。如果电缆已磨损、破裂或有老化迹象，不能开启电源。如果仪器电源线已磨损、破裂或有老化迹象，需要与供应商联系更换电源线。

3. 接通系统电源后，对屏幕显示和亮度进行外观检查；检验监示器显示的当前日期和时间；检验活动探头的标识和指示频率是否正确。

4. 清洁超声系统表面时，应关闭超声系统电源，从电源插座中拔出电源线。使用干净的纱布或不含棉绒的布，轻轻用中性清洁剂沾湿，擦拭超声系统表面。

特别注意清洁轨迹球和滑动控件附件的区域，确保这些区域没有凝胶以及任何其他可见残留物。

5. 清洁后，使用干净、没有棉绒的布擦干表面。

三、注意事项

1. 仪器应注意放置平稳、防潮、防尘、防震。

2. 仪器持续使用 2h 后应休息 15min，一般不应持续使用 4h 以上，夏天应有适当的降温措施。

3. 开机前和关机前，仪器各操纵键应复位。

4. 导线不应折曲、损伤。

5. 探头应轻拿轻放，切不可撞击；探头使用后应擦拭干净，切不可与腐蚀剂或热源接触。

6. 经常开机，防止仪器因长时间不使用而出现内部短路、击穿以至烧毁。

7. 不可反复开关电源(间隔时间应在 5s 以上)。

8. 配件连接或断开前必须关闭电源。

9. 仪器出现故障时应请人排查和修理。

【思考与讨论】

1. 什么是 B 超?

2. B 超能检查哪些疾病?

3. 应如何对 B 超机进行维护保养?

【考核评分】

一、技能考核评分表

序号	考核项目	测评人			综合成绩
		自我评价（15%）	小组互评（25%）	教师评价（60%）	
1	动物保定				
2	B 超检测流程				
总成绩					

二、情感态度考核评分表

序号	考核项目	测评人			综合成绩
		自我评价（15%）	小组互评（25%）	教师评价（60%）	
1	团队合作能力				
2	组织纪律性				
3	职业意识性				
总成绩					

三、考核内容及评分标准

考核内容	考核项目	评分标准	
理论技能知识	动物保定	保定确实，姿势正确，能安抚动物，能配合操作人员完成 B 超操作	30
		保定不确实，动物情绪不稳定，动物易挣脱	18
		无法选择对 B 超扫查有益的保定姿势，不能安抚动物，无法完成保定	0
	B 超检测流程与操作	熟悉 B 超机使用，操作规范、熟练，能协助医生完成 B 超	40
		不熟悉 B 超机，使用较流畅，操作较规范、熟练	24
		B 超机使用不流畅，操作不规范，不能协助医生完成 B 超	0
情感态度	团队合作能力	积极参加小组活动，团队合作意识强，组织协调能力强	10
		能够参与小组课堂活动，具有团队合作意识	6
		在教师和同学的帮助下能够参与小组活动，主动性差	0
	组织纪律性	严格遵守课堂纪律，无迟到早退，不打闹，学习态度端正	10
		遵守课堂纪律，有迟到早退现象，有时做与课程无关事宜，学习态度较好	6
		不遵守课堂纪律，迟到早退，做与上课无关事宜，并不听老师劝阻，态度差	0
	职业意识性	有较强的安全意识、节约意识、爱护动物的意识	10
		安全意识较差，节约意识不强，对动物不爱护	6
		安全意识差，节约意识差，对动物动作粗暴	0

任务三　内窥镜检查

内窥镜是一种光学仪器，由体外经过动物体自然腔道送入体内，对体内疾病进行检查，可以直接观察到脏器内腔病变，确定其部位、范围，并可进行照相、活检或刷片。内窥镜检查首次应用于兽医领域是20世纪70年代，首次报道了犬、猫下呼吸道的内窥镜检查；1971年，腹腔镜用于肝脏和胰腺疾病的检查；1976年，胃肠内窥镜检查开始用于小动物医学临床。现在，内窥镜检查已经成为小动物临床常用的辅助检查项目，宠物医生助理应具备协助医师进行内窥镜检查的能力。

【任务描述】

宠物医师助理在手术室协助医师检查动物的食道和胃，使用内窥镜，且用后对内窥镜进行清洗，消毒及保养。

【任务目标】

1. 掌握内窥镜检查的方法和流程。

2. 能够准备内窥镜设备，进行动物准备，并协助医生为动物进行内窥镜检查。

3. 能够正确对内窥镜进行清洗、消毒及日常保养。

4. 培养学生安全操作、爱护仪器、严谨细致的精神。

【任务流程】

动物的准备—内窥镜的操作—内窥镜的清洗、消毒和保养

环节一　动物的准备

【知识学习】

内窥镜在宠物临床的应用现在已广泛应用于胃肠道、膀胱泌尿道、支气管、鼻腔、腹腔疾病的诊断和治疗。

在我国小动物临床上的应用，比较多的是上消化道内窥镜。上消化道内窥镜

很多人也叫胃镜，它是诊断食道、胃、十二指肠疾病的重要方法，它除可对黏膜表面作直接肉眼观察外，还可同时作胃黏膜病理活组织检查，从而做出科学诊断。

上消化道内窥镜也分硬镜和软镜。硬镜只能用于看食道。还可以用来移取食道异物。因为它的管腔直径较大，可以用大的夹取镊子，还可以通过上部食道括约肌被吸入硬镜设备的管腔里面。

为了使内窥镜检查顺利进行，一般需要在操作前将动物麻醉，只有麻醉顺利，方可使动物保持安静，便于操作，得出的结果才是准确、可靠的。麻醉方式一般采取呼吸麻醉。由于内窥镜检查时，会持续对动物咽喉及消化道进行刺激，容易造成动物呕吐的发生，为了有效地防止误咽的发生，一般采取呼吸麻醉的麻醉方式。

内窥镜检查时动物采取左侧卧保定，医生将内窥镜伸入动物口腔、食道、胃内，然后仔细的检查所需要了解的部位，由于医用光导纤维内窥镜利用光导纤维传送冷光源，管径小，且可弯曲，照明好、清晰度高，对于所检查部位可更加直观清晰的进行观察。

【技能训练】

一、所需用品

气管插管、呼吸麻醉设备、开口器。

二、内容及步骤

1. 麻醉前的准备，动物禁食 8h。
2. 为动物进行呼吸麻醉。
3. 动物麻醉后，左侧卧保定于手术台，使幽门在腹部的上方。
4. 为了防止动物咬坏内窥镜管身，对动物口腔采取开口器固定。

三、注意事项

1. 进行上消化道内镜检查时，为了清楚的看到消化道的黏膜，动物最好禁食水 8h 以上。因为动物即使饮少量的水，也可使胃黏膜颜色发生改变。

2. 对犬猫等动物进行内窥镜检查时一定要用开口器，防止动物咬坏内镜管身。

3. 操作时要随时注意动物的生命体征，有异常状况时应立即停止检查，保证动物生命安全。

环节二　内窥镜的操作

【知识学习】

内窥镜检查上消化道用得最多的还是纤维内窥镜，即软镜。一般胃、十二指肠镜的工作长度为70～140cm，有多种型号，各型长度也有差别。它可以从食管的开口部，一直看到十二指肠。在以猫为主的诊所，兽医可以用儿科用的小直径(7.8～7.9mm)纤维内窥镜来通过猫的幽门，而在以大狗为主要对象的诊所，就要用兽医专用的特别长的纤维内窥镜。直径特别细的内窥镜，如直径在4～5mm的，通常不用于做胃镜，因为它们通常只是双向转动的。直径大于10mm的胃镜检查食道和胃没有问题，但是通过小动物和猫的幽门就很困难。大口径的内窥镜光源强度更好，有利于看胃的全景，可以取较大的活检样品，也更结实耐用一些。上消化道内窥镜一般为四向，比两向的容易操作，一般在一个方向可达至少180°～210°的弯曲，其他3个方向最少可达90°～100°的弯曲。良好的光学质量非常重要，焦距要小于3～5mm。

内窥镜监察时应了解动物口腔、咽喉、食道、胃腔的整体形态，做到心中有数，从而避免发生操作失误。例如贲门直下可见胃体大弯侧皱襞，沿此皱襞"向上，向右"可以找到腔，直到幽门。

【技能训练】

一、所需用品

内窥镜。

二、内容及步骤

1. 内窥镜开机，打开光源，打开气泵，打开成像系统，调节焦距，使视野清晰。

2. 动物保持左侧卧体位保定；插镜时右手持在镜身25cm处，轻柔缓慢插入口腔和咽部，将胃镜沿舌根插入食管入口处，看到食管后即可循腔进镜。

3. 入食管后边进镜边充气，进入胃内即可观察扩张的胃腔。

4. 无腔时可退镜，并调节角度钮。

5. 大量胃液潴留时，需要抽吸液体，适当充气使视野四壁清晰。

6. 在医师的指导下进行内窥镜检查。

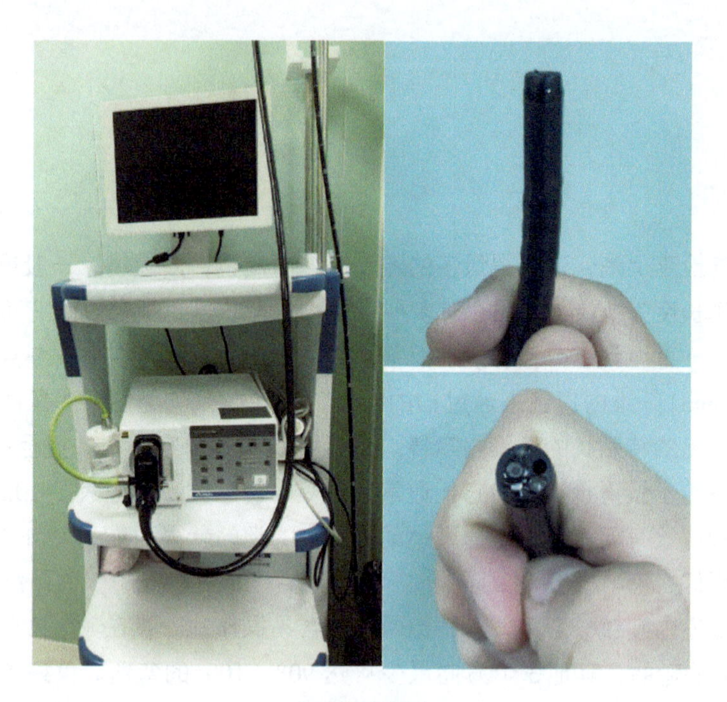

内窥镜及镜头

7. 检查完毕后，将消化道内气体排空，将内窥镜抽出。

三、注意事项

1. 内窥镜最好单人操作。左手操作操作柄，右手进镜、退镜及旋转镜身。

2. 适当充气，见腔进镜，准确定位，熟练使用角度钮，仔细观察病灶，远近结合，全面观察。

3. 充气指标：食管少量充气能看清四壁即可。胃体中等扩张能看清胃四壁即可。观察胃底、穹隆部时须在观察胃体基础上加注少量气。

4. 内窥镜内部很精细，使用时不要强制弯曲、折叠、扭转、碰撞等，以免损伤。

环节三　内窥镜的清洗、消毒和保养

【知识学习】

内窥镜属于精密仪器，其内的光导纤维非常脆弱，如果一条光导纤维折断，其传递的影像就会失去，因此在使用完毕后，应按要求进行清洁、保养，以延长机器的使用寿命。内窥镜最好保存在厂商提供的盒子里或者特殊设计的柜内，这样可将其悬挂在里面以保持垂直不弯折。内窥镜每次使用后必须清理、消毒、晾干，以防出现动物间的交叉感染，清理消毒应严格按照厂商的说明进行。

【技能训练】

一、所需用品

内窥镜、蒸馏水、纱布或海绵、戊二醛消毒液、75%酒精、硅油。

二、内容及步骤

1. 内窥镜洗涤时，先将软管末端浸在蒸馏水中，用纱布或海绵擦洗镜体软管部和弯曲部，并反复注气和注水，使气管和水管出水处黏附的污物排出。活检孔道需用清洁刷反复刷拭清洗。

2. 将清洗过的插管、气管、水管、孔道、活检钳等擦干，放入戊二醛消毒液中浸泡消毒 20min。在洗涤与浸泡消毒液过程中，不要把操纵部分弄湿。

3. 用 75% 酒精擦拭消毒纤维镜头部、软管操纵部、各调节旋钮。

4. 消毒完毕，用蒸馏水充分冲淋插管和内管道，以便除去残留消毒剂。

5. 将内窥镜擦干，用硅油涂抹外管壁，避免胶皮龟裂。

6. 贮存时应将镜体悬挂于干燥处，弯角固定钮应置于“自由位”，活检钳瓣应张开。

三、注意事项

1. 内窥镜使用完毕应立即清洗。

2. 对内窥镜进行清洗消毒后，应按压住水管入口，并反复按注水键以排空管腔内残余液体，避免贮存时管腔内积水。

【思考与讨论】

1. 什么是内窥镜?

2. 内窥镜能查探到哪些内容?

3. 应如何对内窥镜进行日常保养?

【考核评分】

一、技能考核评分表

序号	考核项目	测评人			综合成绩
		自我评价（15%）	小组互评（25%）	教师评价（60%）	
1	麻醉保定				
2	内窥镜检查流程与操作				
总成绩					

二、情感态度考核评分表

序号	考核项目	测评人			综合成绩
		自我评价（15%）	小组互评（25%）	教师评价（60%）	
1	团队合作能力				
2	组织纪律性				
3	职业意识性				
总成绩					

三、考核内容及评分标准

考核内容	考核项目	评分标准	
理论技能知识	麻醉保定	能根据动物生理状态对动物进行麻醉，麻醉用量合适，能配合操作人员完成内窥镜检查操作	30
		能对动物进行麻醉，麻醉量比较合适	18
		不会对动物进行麻醉，不会计算麻醉用量，动物在操作中醒来	0
	内窥镜检查流程与操作	熟悉内窥镜检查方法，操作规范、熟练，能协助医生完成内窥镜检查	40
		不熟悉内窥镜检查方法，使用较流畅，操作较规范、熟练	24
		内窥镜使用不流畅，操作不规范，不能协助医生完成内窥镜检查	0
情感态度	团队合作能力	积极参加小组活动，团队合作意识强，组织协调能力强	10
		能够参与小组课堂活动，具有团队合作意识	6
		在教师和同学的帮助下能够参与小组活动，主动性差	0
	组织纪律性	严格遵守课堂纪律，无迟到早退，不打闹，学习态度端正	10
		遵守课堂纪律，有迟到早退现象，有时做与课程无关事宜，学习态度较好	6
		不遵守课堂纪律，迟到早退，做与上课无关事宜，并不听老师劝阻，态度差	0
	职业意识性	有较强的安全意识、节约意识、爱护动物的意识	10
		安全意识较差，节约意识不强，对动物不爱护	6
		安全意识差，节约意识差，对动物动作粗暴	0

任务四　心电图检查

心电图是反映心脏兴奋的电活动过程，它对心脏基本功能及其病理研究方面，具有重要的参考价值，是临床常用的检查之一，应用广泛。心电图检查在宠物医院临床上使用逐渐普及，宠物医师助理应对该项技术的相关知识与操作有所了解。

【任务描述】

根据临床需要，宠物医师助理协助医师对猫进行心电图测量。

【任务目标】

1. 掌握心电图检查的方法和流程。
2. 能够准备心电图检查设备，并协助医生为动物进行心电图检查。
3. 培养学生爱护仪器、团结合作、严谨细致的精神。

【任务流程】

准备工作—心电图的操作

环节一　准备工作

【知识学习】

心电图是一种迅速、简便、安全、有效的无操作性检查方法，广泛应用于临床。其记录电位变化曲线，因此在测试台上需要铺设绝缘毯。由于吠叫、深呼吸、四肢乱动时，均会影响心电图的结果，所以应在动物安静时进行。必要时可先对动物进行镇静，以防止因其他肌肉活动而引起的干扰。

【技能训练】

一、所需用品

心电图机。

二、内容及步骤

1. 准备心电图机，检查心电图纸，测量台面铺绝缘毯。

2. 心电图测量前至少30min，使动物保持安静稳定的状态，必要时可先对动物进行镇静。若动物无法保持安静，应对动物进行麻醉处理。

三、注意事项

1. 应由主人一直陪同安抚猫咪，使猫咪尽量维持安静稳定的状态，避免生人接触造成的惊恐。

2. 避免药物影响。有些药物直接或间接地影响心电图的结果，由于药物影响心肌的代谢，进而影响心电图的图形。所以，工作人员应向动物主人询问动物最近服过哪些药物，并将记录结果告知动物医生，以免误诊。

3. 一般需要检查心电图的动物都是疑似患有心脏病的动物，因此在为动物进行保定的时候，应格外小心，如果动物极为虚弱则不能进行麻醉处理，以免发生意外。

环节二　心电图的操作

【知识学习】

心电图记录心动周期中心脏电位变化的连续曲线，对心脏基本功能及其病理研究方面，具有重要的参考价值。其应用范围包括：记录动物正常心脏的电活动；诊断心律失常；诊断心肌缺血、心肌梗死、判断心肌梗死的部位；诊断心脏扩大、肥厚；判断药物或电解质情况对心脏的影响等。

导联是电极在动物体表的放置部位及其与心电图机正极、负极的连接方式。心电图上所记录的电位变化是一系列瞬间心电综合向量在不同导联轴上的反映。不同的导联用于综合评估心脏激动过程，每个导联均有方向和极性。

双极和单极导联在小动物临床均有应用。标准双极导联可记录体表两个不同电极间的电位差，导联轴的方向为这两点的连线方向。加压单极导联（阳极）记录体表某点的电位变化，“威尔逊中心电极”将其他电极的平均值模拟心脏总电位（或零电位），形成单极导联的负极。

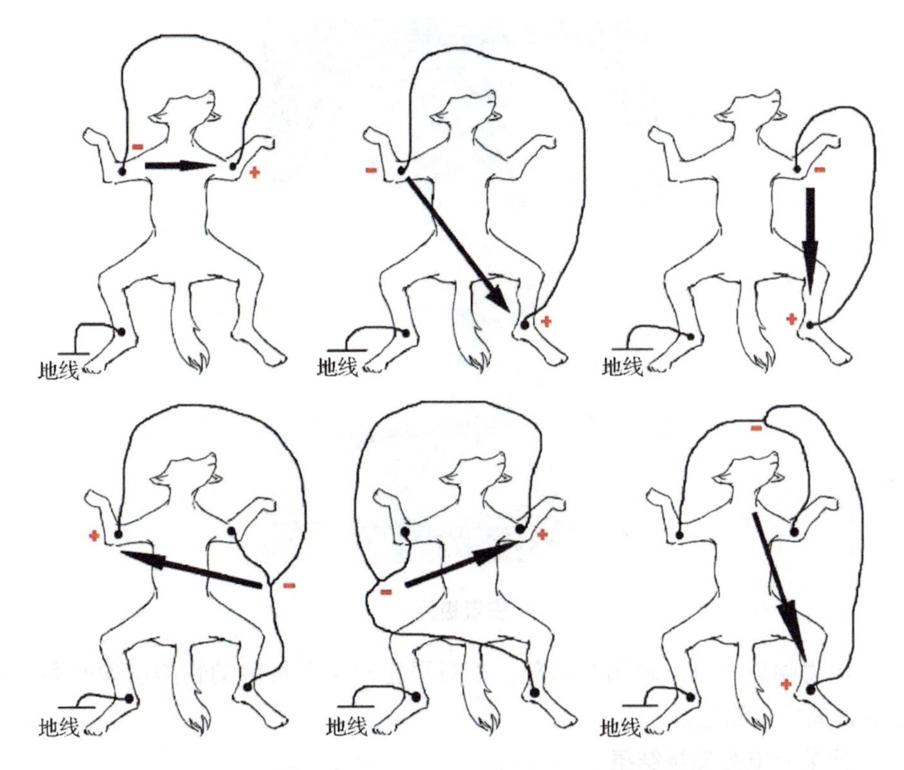

标准肢导联和加压单极肢导联的电极连接

【技能训练】

一、所需用品

心电图机、酒精。

二、内容及步骤

1. 在心电图程序面板上，输入动物性别，年龄，病历号。

2. 将猫置于绝缘毯上，采取仰卧或侧卧保定，双前肢相互平行并垂直于躯干。

3. 在使用鳄鱼夹或电极片时，应先使用心电图胶或酒精润湿以增强传导。

4. 前肢电极应置于肘部或稍靠下位置，后肢电极应置于膝部或后踝。电极切记不能触碰胸壁或对侧电极。

5. 在心电图机测量时，对动物摆位保定应温和，以减小运动干扰，动物放松且安静的状态下，能够检测到较理想的心电图。

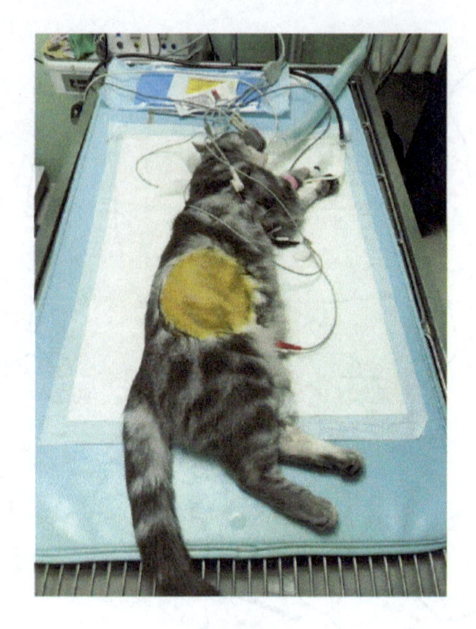

安置极片

6. 动物喘息严重时轻闭其口部，颤抖严重时用手抚触动物胸壁均有利于减轻干扰，或停止测量。

7. 记录心电图测量结果。

8. 于心电图结果上标明动物名字，主人姓名，病历号，今日已经用药的种类和数量。

9. 心电图机使用完毕后，应用酒精对鳄鱼夹或贴片进行擦拭消毒。

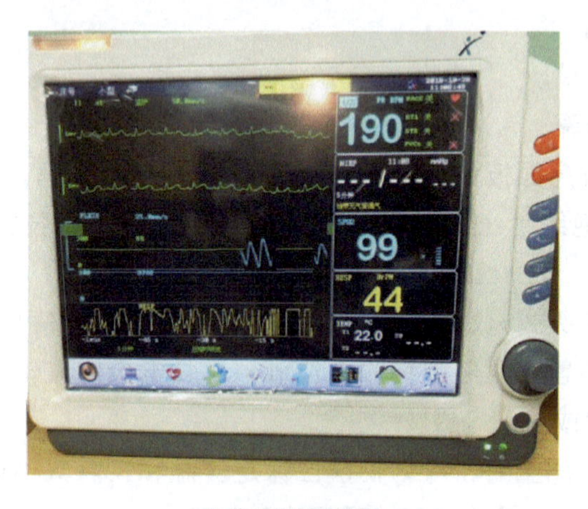

心电图测量结果

三、注意事项

1. 心电图电极需安置于四肢，不能贴于胸壁或腹壁上，心电图两电极不能相互碰触。

2. 在动物身体兴奋、情绪激动，无法配合检查时，应停止心电图测量。

3. 心电图诊断必须密切结合临床资料，特别是有的心电图本身无特异性者需要结合临床资料。此外，药物与电解质紊乱对心肌的损害也必须结合临床资料加以判断。

【思考与讨论】

1. 什么是心电图?

2. 动物必须处于什么状态下才能使用心电图进行检查?

【考核评分】

一、技能考核评分表

序号	考核项目	测评人			综合成绩
		自我评价（15%）	小组互评（25%）	教师评价（60%）	
1	麻醉保定				
2	心电图检查流程与操作				
总成绩					

二、情感态度考核评分表

序号	考核项目	测评人			综合成绩
		自我评价（15%）	小组互评（25%）	教师评价（60%）	
1	团队合作能力				
2	组织纪律性				
3	职业意识性				
总成绩					

三、考核内容及评分标准

<table>
<tr><th>考核内容</th><th>考核项目</th><th colspan="2">评分标准</th></tr>
<tr><td rowspan="6">理论技能知识</td><td rowspan="3">麻醉保定</td><td>能根据动物生理状态对动物进行化麻醉，麻醉用量合适，能配合操作人员完成心电图检查操作</td><td>30</td></tr>
<tr><td>能对动物进行化麻醉，麻醉量比较合适</td><td>18</td></tr>
<tr><td>不会对动物进行麻醉，不会计算麻醉用量，动物在操作中醒来</td><td>0</td></tr>
<tr><td rowspan="3">心电图检查流程与操作</td><td>熟悉心电图检查方法，操作规范、熟练，能协助医生完成心电图检查</td><td>40</td></tr>
<tr><td>不熟悉心电图检查方法，使用较流畅，操作较规范、熟练</td><td>24</td></tr>
<tr><td>心电图仪器使用不流畅，操作不规范，不能协助医生完成心电图检查</td><td>0</td></tr>
<tr><td rowspan="9">情感态度</td><td rowspan="3">团队合作能力</td><td>积极参加小组活动，团队合作意识强，组织协调能力强</td><td>10</td></tr>
<tr><td>能够参与小组课堂活动，具有团队合作意识</td><td>6</td></tr>
<tr><td>在教师和同学的帮助下能够参与小组活动，主动性差</td><td>0</td></tr>
<tr><td rowspan="3">组织纪律性</td><td>严格遵守课堂纪律，无迟到早退，不打闹，学习态度端正</td><td>10</td></tr>
<tr><td>遵守课堂纪律，有迟到早退现象，有时做与课程无关事宜，学习态度较好</td><td>6</td></tr>
<tr><td>不遵守课堂纪律，迟到早退，做与上课无关事宜，并不听老师劝阻，态度差</td><td>0</td></tr>
<tr><td rowspan="3">职业意识性</td><td>有较强的安全意识、节约意识、爱护动物的意识</td><td>10</td></tr>
<tr><td>安全意识较差，节约意识不强，对动物不爱护</td><td>6</td></tr>
<tr><td>安全意识差，节约意识差，对动物动作粗暴</td><td>0</td></tr>
</table>

单元四
宠物医院药房工作

一、单元介绍

宠物医院药房是集管理、经营、技术、服务于一体的综合科室，药房管理的好坏直接影响到药品的疗效与医院的形象。药房工作人员不仅要保证提供准确、质量合格的药品，而且要善于与宠物主人沟通，为其提供直接的、负责任的药学技术服务，保证其安全有效地使用药品。为保证用药安全有效，药房工作人员应遵守相关的法律法规，提供符合伦理和职业标准的药学服务。良好的药房工作规范应涉及整个药房工作，包括：药房库存管理、药品包装解读以及二次包装标记，以及药品调剂等内容。

本单元根据以上内容分为 3 个任务，基本涵盖了医院宠物医师助理在药房工作的全部内容。

二、单元目标

知识目标：熟悉药房的工作内容，掌握药品的存放管理方法，掌握药品的查对及调剂方法。

能力目标：能准确的管理库存药品，能正确解读药品包装并对其进行分装，能对药品进行三查七对，能正确读处方并按照处方准确配药并发药。

情感目标：培养严谨的工作态度，树立关爱动物的职业精神，培养学生安全规范操作的意识。

三、学习单元内容

1. 药品库存管理
2. 药品包装的解读及二次包装的标记
3. 药品调剂

四、教学成果形式

1. 对药品库存进行管理的情况
2. 对药品包装进行解读及分装情况
3. 对药品进行收发调剂的情况

五、考核内容及标准

考核内容	占单元成绩权重（%）	考核方式	评价标准	单元成绩权重（%）
理论知识	40	笔试	见各任务评价明细	10
操作技能	40	药品收发、管理、读存情况		
情感态度	20	过程性考核		

任务一　药品的库存管理

库存是为了满足现在和未来需求而暂时闲置的资源。资源的闲置就是库存，与这种资源是否存放在仓库中没有关系，与资源是否处于运动状态也没有关系。从这个角度来说，库存是一种浪费，零库存是一种理想状态，实际上永远无法达到。对于药品进行合理的库存管理，可以最大限度地满足临床的用药需求，保证药品质量，不断货，降低药品的库存量，并降低药品成本。

【任务描述】

设置药房药库后，对药品进行采购、入库、储存、出库、养护等管理，药房工作人员应按照相关操作规程，完成药品的库存管理工作，保证用药安全，使宠物医院能够正常经营。

【任务目标】

1. 掌握药品的储存与养护方法
2. 能对药品进行入库出库管理
3. 能应对药房的特殊情况
4. 培养学生严谨细致的工作精神

【任务流程】

药品的购进管理—药品的入库管理—药品的储存与养护管理—药品的出库管理—特殊情况的处理

环节一　药品的购进管理

【知识学习】

药品购进是药品流通中的一个重要环节，对保证药品的安全有着重要影响。为了保证药品购进质量，确保依法经营，动物医院应依照《兽药管理条例》等法律法规，建立药品采购操作规程。动物医院购进药品时，必须建立并执行检查验收制度，验明药品合格证明和其他标识，不符合规定要求的，不得购进。药品验收的基本要求是：按照法定标准和合同规定的质量条款对购进、销后退回药品进行逐批号验收。同时，对药品的包装、标签、说明书及有关要求的证明和文件进行逐一检查。验收药品时，除对药品包装、标签、说明书标明内容进行验收外，还应检查其他有关药品质量、药品合法性的证明文件。

【技能训练】

一、所需用品

纸、笔、计算机、相关药品。

二、内容及步骤

1. 对准备购入的药品进行分类，一般分为 3 部分：①常用基本药物，它是经过院内高层会议讨论通过，由固定供应商提供的药品；②求购药品，它是根据临床需要，由宠物主治医生进行申请，由门诊部负责人、药房负责人、宠物医院院长共同签字方可购买的药品；③特殊药品，它是按照药品管理办法规定的程序购买。

2. 确定供货单位的合法资格。查验供货单位是否具有合法的《兽药生产许可证》《兽药经营许可证》《兽药制剂许可证》《进口兽药许可证》《新兽药证书》和相关产品的批准文号。采购人员应向供货单位索取并审核以下资料：《兽药生产许可证》或《兽药经营许可证》复印件，营业执照复印件，相关印章、随货同行单(票)样式，《银行开户证明》复印件，《税务登记证》和《组织机构代码证》复印件，且以上资料应加盖经营企业公章原印章，确认真实、有效。

3. 与供货单位签订质量保证协议，并交质量管理部归档保存。质量保证协议至少包括以下内容：①明确双方质量责任；②供货单位应当提供符合规定的资料且对其真实性、有效性负责；③供货单位应当按照国家规定开具增值税发票；④药品质量符合药品标准等有关要求；⑤药品包装、标签、说明书符合有关规定；⑥药品运输的质量保证及责任；⑦质量保证协议的有效期限。

4. 制定采购记录。采购人员根据“按需进货、择优采购、质量第一”的原则，在签订质保协议的供货单位中选择合适的供货单位，制订采购计划；填写采购订单，经药房负责人审核后生成采购记录。采购记录应记载药品的通用名称、剂型、规格、生产厂商、供货单位、数量、价格、购货日期等内容，采购中药饮片的还应标明产地。

三、注意事项

1. 严格按《兽药管理条例》等法律法规进行采购，禁止采购无批准文号、无注册商标、无厂牌的“三无”药品及假药、劣药和非药品。

2. 采购药品时，应当向供货单位索取发票。发票应当列明药品的通用名称、规格、单位、数量、单价、金额等；不能全部列明的，应当附销售货物或者提供应税劳务清单，并加盖供货单位发票专用章原印章、注明税票号码。凡未能提供发票的，不得购进。

3. 采购特殊管理药品应从有特殊管理药品生产或经营资质的公司进货，不得现金交易。购进冷藏药品时，与供应商签订质量保证协议，要明确运输方式、保温包装、温度保证及运输责任等事宜。发货前，与供货单位沟通，保证采取正确有效的保温措施，明确到货时间。及时向储运部门、质量管理部门传递到货信息并跟踪到货情况。

4. 采购人员应定期与供货方联系，配合质量管理人员共同做好药品质量管理工作。

环节二　药品的入库管理

【知识学习】

药品入库管理是确保宠物医院药品质量合格、有效的关键环节。严格药品验收入库制度既可杜绝外来伪劣药品流入医院，确保药物的有效性、安全性和稳定性，也是保证库存药品账物相符的重要前提。药品采购回来后首先办理入库手续，由采购人员向库房管理员逐件交接，药库工作人员对所购药品必须建立并执行进货检查验收制度，并建有真实完整的药品购进记录。药品购进记录必须注明药品的通用名称、生产厂商(中药材标明产地)、剂型、规格、单位、批准文号、数量、生产日期、生产批号、有效期、供货单位、质量状况、验收结论、验收员、购进日期。

【技能训练】

一、所需用品

纸、笔、计算机、相关药品。

二、内容及步骤

1. 验收人员应做好验收记录。依据药品的采购记录的项目，认真清点要入库药品的数量，并检查好药品的规格、通用名称、剂型、批号、有效期、生产厂商、购货单位、购货数量、购销价格、质量，做到数量、规格、品种准确无误，质量完好，配套齐全，并在接收单或在入库登记表上签字确认。

2. 库房管理员需按所购药品名称、供应商、数量、质量、规格、品种等做好入库登记。

3. 库房管理员要对所有库存物品进行登记建账，并定期核查账实情况，且应当定期盘库。

三、注意事项

1. 对有效期在半年以内的药品禁止入库。

2. 验收记录保存至超过药品有效期 1 年且不得少于 5 年。

3. 冷藏药品的验收需特别注意：

①要求低温、冷藏储存的药品，药品供应商应当按照有关规定，使用低温、冷藏设施设备运输和储存；否则，药库不予接收。

②冷藏药品验货前自冷藏设备中取出应立即转到冷藏库。

③冷藏药品的验收区应设置在冷藏库，不得置于阳光直射、热源设备附近或其他可能会提升周围环境温度的位置。

4. 药房负责人应积极到医院各科室了解信息，汇总并制订药品采购计划，及时对药品组织采购。

环节三　药品的储存与养护管理

【知识学习】

药品是一种特殊的商品。在生产、运输、储藏过程中，由于外部环境及药品内在因素的影响，可能出现方方面面的药品质量问题。因此要求药品生产企业、经营企业和药品使用单位严格根据药品的特点来生产、运输、储藏养护药品，确保药品质量安全，防止药品质量事故的发生。而合格药品质量的保证，必须有科学的储存方法和条件，药品储存不当，会发生物理、化学变化，使疗效降低，不良反应增大，甚至对动物健康造成严重危害。

药品养护是运用现代科学技术与方法，研究药品储存养护技术和储存药品的质量变化规律，防止药品变质，保证药品质量，确保用药安全有效的一门实用性技术科学。

药品与非药品、内服药与外用药应当分开存放；易串味的药品、中药材、中药饮片、中成药、化学药品等应当分别储存、分类存放；过期、变质、被污染等药品应当放置在不合格区。麻醉药品、一类精神药品、医疗用毒性药品、放射性药品应当专库或专柜存放，双人双锁保管，专账记录。

一般情况下，工作人员应根据药品的治疗作用及不同的剂型对药品进行分类储存及养护。

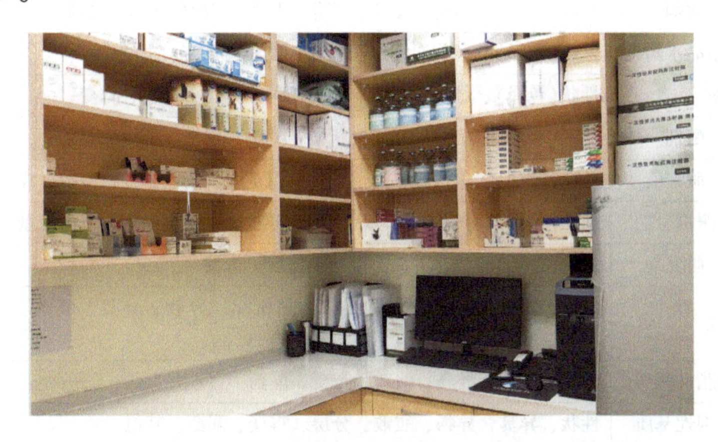

药品分类摆放

应按要求对药品进行养护管理，至少应每月一次，对药品养护情况进行检查。对药品进行质量验收、养护、外观质量检查，经检查变质、被污染的药品应当放置在不合格区。

根据药品的不同剂型，需检查的项目如下：

剂型	类型	外观质量检查项目
片剂	压制片	性状(色泽)、明显暗斑(中草药除外)、麻面、黑点、色点、碎片、松片、霉变、飞边、结晶析出、吸潮溶化、虫蛀、异臭
	包衣片	性状(色泽)、花片、黑点、斑点、黏连、裂片、掉皮、脱壳、霉变、瘪片(异形片)、片芯变色变软
胶囊剂	硬胶囊剂	性状(色泽)、褪色、变色、破裂、漏粉、霉变、异臭、查内容物无结块
	软胶囊剂	性状、胶丸大小均匀、光亮、黏连、粘瓶、破裂、漏油、异臭、畸形丸、霉变
滴丸剂		性状、胶丸大小均匀、光亮、黏连、粘瓶、破裂、漏油、异臭、畸形丸、霉变
注射剂	注射用粉针	性状(色泽)、澄明度、粘瓶、吸潮、结块、溶化、色点、色块、黑点、白块、纤维、玻璃屑、封口漏气、铝盖松动
	冻干性粉针	性状(色泽)、粘瓶、熔化、萎缩、铝盖松动
	水针型	性状(色泽)、长霉、白点、白块、玻璃屑、纤维色点、结晶析出、瓶盖松动、裂纹

（续）

剂型	类型	外观质量检查项目
滴眼剂	溶液型滴眼剂	性状(色泽)混浊、沉淀、结晶析出、长霉、裂瓶、漏药、白点、白块、纤维色点、色块
	混悬型滴眼剂	性状(色泽)、长霉、色点、色块、结块、漏药、瓶盖松动、颗粒细度
散剂	散剂	性状(色泽)、溶解、结块、溶化、异物、破裂、霉变、虫蛀
	含结晶水药物	性状(色泽)、风化、潮解、异物、破裂、霉变、虫蛀
颗粒		性状(色泽)、结块、潮解、颗粒均匀、异物、异臭、霉变
酊水剂	酊剂	性状(色泽)、澄清度、结晶析出、异物、混浊、沉淀、渗漏
	口服溶液	性状(色泽)、澄清度、结晶析出、沉淀、异物、异臭、酸败、渗漏、霉变
	口服混悬剂	性状(色泽)、酸败、结块、异臭、异物、颗粒细微均匀下沉缓慢、渗漏、霉变
	口服乳剂	性状(色泽)异物、异臭、分层、霉变、渗漏
糖浆		性状、澄清度、混浊、沉淀、结晶析出、异物、异臭、酸败、产氧、霉变、渗漏
软膏	油脂性基质	性状、异物、异臭、酸败、霉变、漏药
	乳剂性基质	性状、异臭、异物、酸败、分层、霉变、漏药、其他
眼膏		与软膏剂检查一致外，涂于皮肤上无刺激性、无金属异物
气雾		性状、异物、漏气、破漏、喷嘴
栓剂		性状、霉变、酸败、干裂、软化、变形、走油出汗
膜剂		完整光洁、色泽均匀、厚度一致、受潮、霉变、气泡、压痕均匀易撕开
丸剂	蜜丸、水蜜丸	性状、圆整均匀、大小蜜丸应细腻滋润、软硬适中、异物、皱皮
	水丸潮、糊丸	性状、大小均匀、光圆平整、粗糙纹、异物
	橡胶膏剂	性状、药物涂布均匀、透油、老化、失黏

【技能训练】

一、所需用品

纸、笔、计算机、相关药品。

二、内容及步骤

1. 设置药房药品暂存库及药品库。

2. 对药房药品暂存库及药品库进行区域划分，并对所化区域设置不同颜色的标牌，进行色标管理。一般来说可化为 4 个区域：待验区(黄色标)，退货区(黄色标)，合格品库(绿色标)，不合格品库(红色标)。

3. 按照药品质量标准储藏规定的条件，对其进行分类储存，每一种药品应根据说明书中温度、湿度储藏要求，分别储存于冷藏库、阴凉库或常温库内。

4. 储存药品应当按品种、剂型、批号等分类堆放，实行分区分类管理有利于药品管理人员掌握药品进出库的规律，以利于清仓盘库，缩短药品收发作业时间，提高药品管理水平。

5. 按要求对药品进行质量验收、养护、外观质量检查，经检查变质、被污染等药品应当放置在不合格区。

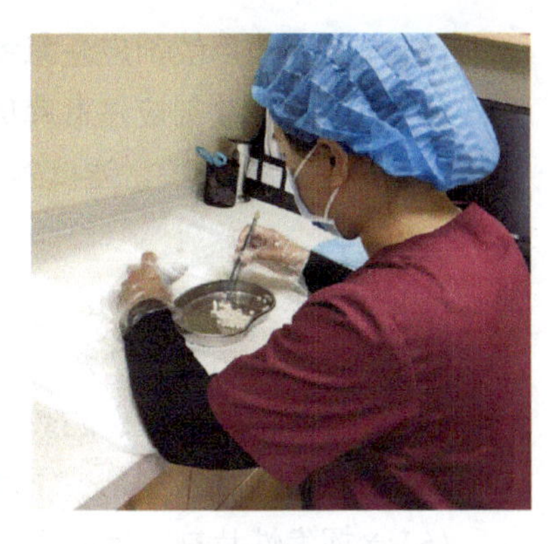

分检药片

三、注意事项

1. 药品库不同区域的温度要求一般为：常温区(0～30℃)、阴凉区(20℃以下)、冷藏区(2～8℃)；药品库的湿度要求一般为45%～75%，注意仓库通风、干燥、避光、防潮，对药品库每日早、晚各监测温、湿度一次，应进行记录。

2. 应保持库内的清洁卫生，采取有效措施，防止药品霉变、虫蛀鼠咬。药品码垛应注意垛与垛之间、供暖管道与储存物品之间留有一定的间距；照明灯具垂直下方不堆放药品，垂直下方与货垛的水平距离不小于50cm。药箱码放须平稳、整齐，不得倒置，对一些包装不坚固或过重药品，不宜码放过高，以防下层受压变形。

3. 中药材、中药饮片在存储过程中很容易发生虫蛀、霉变、泛油、变色、枯朽、风化、腐烂等质量问题。针对中药材的特性，必须特别注意存储条件和养护。一般应选择干燥通风的库房，室内温度不超过30℃，相对湿度不超过60%，库房内要注意阳光照射，要有通风设施，当空气中相对湿度过高时，要用生石灰除去空气中多余的水分，并注意防鼠、防虫、防霉等事项，定期翻晒。

4. 不同剂型的药品一般的储存养护原则为：

1)散剂的储存养护的重点：防止吸潮、结块和霉变。

(1)纸质包装的散剂，应严格注意防潮储存。

(2)塑料薄膜包装的散剂，仍需注意防潮，不宜久储。

(3)含吸湿组分的散剂，应密封储存于干燥处。

(4)含贵重药品散剂、麻醉药品散剂应密封储存于密闭容器内，加吸潮剂。

(5)挥发药品的散剂应于密封干燥阴凉处密闭储存。

(6)遇光易变质的散剂应于遮光密封干燥处储存。

(7)有特殊气味的药品散剂应与其他药品隔离储存，以防串味。

(8)内服、外用散剂应注意特别标识，分开储存。

(9)含结晶水散剂应注意库房的相对湿度。

2)片剂的储存养护：湿度对片剂的影响最大，温度、光线也能导致某些片剂变质失效。

(1)一般压制片：防潮。

(2)包衣片：防潮、防热。

(3)含糖片剂：防潮、防热。

(4)含生药，脏器制剂：干燥处。

(5)含挥发性片剂：凉处保存。

(6)磺胺类：避光。

3)胶囊剂的储存养护。

(1)一般胶囊剂：注意防潮、防热。

(2)有颜色的胶囊：更要注意防潮、防热。

(3)装有生药或脏器制剂的胶囊：密封置于干燥阴凉处保存。

(4)抗生素胶囊：要注意有效期规定。

4)注射剂的储存养护。

(1)根据药品的性质考虑保管方法

①一般注射剂　避光贮存，并按药典规定的条件保管。

②遇光易变质的注射剂　肾上腺素、盐酸氯丙嗪等要注意避光防紫外线。

③遇热易变质的注射剂　应按规定温度贮存，在夏季加强检查。

a. 脏器制剂或酶类注射剂2～10℃。

b. 生物制品：除冻干品外，一般不能在0℃以下保存。

c. 钙、钠盐类注射液：久贮后药液能侵蚀玻璃，尤其是对于质量较差的安瓿，能发生脱片及浑浊，要注意“先产先出”，不宜久贮，并加强澄明度检查。

d. 中草药注射液：质量不稳定，在贮存过程中可因条件的变化发生氧化、水解、聚合等反应，逐渐出现浑浊和沉淀。注意避光、避热、防冻保存，并注意“先产先出”，久贮产品应加强澄明度检查。

(2)结合溶媒和包装容器的特点考虑保管方法

①水溶液注射　注意防冻，大输液袋血浆在贮存过程中切不可横卧倒置。

②油溶液注射剂　避光、避热保存。

③其他溶剂　如乙醇、丙二醇和甘油，注意“先产先出，近期先出”。

④注射液粉针　小瓶装和安瓿装。注意防潮，并且不能倒置。

5）糖浆剂的储存养护。

（1）糖浆剂的一般保管方法

密闭，并在30℃以下遮光保存。

（2）糖浆剂在储存期的防霉败措施

主要措施应以防热、防污染为主。

（3）糖浆剂沉淀的处理：

①如含有少量沉淀，摇匀后能均匀分散者，则仍可供药用。

②如沉淀系无效物，可以过滤除去，但操作中应注意卫生，严防微生物污染。

③复方制剂中所产的沉淀物，必须确定为无效物或对病者服用不利时，再作适当分离处理。

④由于糖浆败坏产生的浑浊、沉淀则不可供药用。

（4）糖浆剂的防冻问题：

药用糖浆含糖量在60%以上，一般可不防冻；含糖量60%以下的制剂，则应根据处方及温度情况考虑是否需要防冻。

6）栓剂的储存养护：干燥阴凉处，25～30℃，避免重压。当栓剂发生以下情况时，应注意可能已发生质量变异，应及时进行处理。

（1）软化变形：由于栓剂基质的影响，使栓剂遇热、受潮后均可引起软化变形。

（2）出汗：水溶性基质栓剂吸湿后表面有水珠。

（3）干化：环境过于干燥，基质水分蒸发。

（4）外观不透明。

（5）腐败：放置过久，基质酸败。

7）软膏剂的保管养护。

（1）密闭在30℃保存。

（2）软膏剂中含有不稳定的药物或基质时，先产先出，避免久贮。

（3）有特殊臭味的软膏剂，与一般药物隔离存放，以防串味。

（4）软膏包装已经过灭菌，不应随便启开，以防微生物污染。

（5）根据软膏剂包装容器的特点，保管中尚须注意：

①锡管包装，避免受压。

②塑料管包装，应避潮湿，避光储存，并避免重压和久贮。

③玻璃瓶装，考虑遮光外包装，应密闭在干燥处储存，不得倒置，避免

重摔。

④扁形金属或塑料盒装，需密闭，防止重压，纸盒装不宜久贮。

(6)糊剂分为脂溶性和水溶凝胶糊剂，要求密闭、阴凉处储存。

(7)眼用半固体制剂应置遮光、灭菌容器中密闭，15°以下储存。

5. 冷藏药品的储存与养护。由于生物制品或利用生物制剂技术生产的药品，绝大多数是要求在2～8℃的条件下低温、冷藏。因此，这一类药品在流通过程中对储运温度的要求非常严格。随着生物制药在医疗临床的广泛应用，冷藏药品的需求量也在不断增多，由于流通环节因素导致冷藏药品出现质量问题的事件时有发生。因此，加强冷藏药品在经营过程中的质量控制非常重要。

1)冷藏药品的基本概念。

(1)冷藏药品：一般是指储运过程中保持贮存温度条件为2～8℃的药品。

(2)冷链：一般是指需要冷藏的药品从生产到使用全过程的相关环节，要求贮存、运输和使用全过程都能保持规定的冷藏条件。

2)冷藏药品范围：凡是要求在低温条件下(一般指2～8℃)储存的药品，如冻干粉针剂，生物制品(血液制品、疫苗)等。

3)冷藏设施的管理。

(1)冷藏储存设施设备：冰箱、冰柜、冰袋、冰盒、排风机、除湿机、温度自动监测、调控、记录、报警的设备。

(2)冰箱的管理：冰箱内要放置温湿度计或温湿度自动记录仪，每天应定时做好温湿度记录，发现异常及时处理。冰箱所用电源要有保障，要防止拉闸断电。

(3)冰袋(盒)冷冻时间的控制

①冰袋(盒)产品说明书对蓄冷剂有明确冷冻时间规定的，必须按规定执行。

②由供应商提供的冰袋(盒)或其他形式的蓄冷材料，应按照供应商的要求执行。

③冰袋(盒)在冷柜中冷冻的时间一般情况必须在－18℃条件下超过48h，冷冻时间要有下限限制，没有达到冷冻时间要求的冰袋(盒)，不应使用。

④应建立冷柜冷冻冰袋的进出记录，对冰袋(盒)放入时间与取出时间、数量、经手人均要如实记录并定期检查。

⑤对到货的冷藏药品内的冰袋(盒)，验收完毕后应及时取出放入冷柜中冷冻，以确保发运出库包装时正常使用。冷藏药品原包装不允许拆封的除外。

(4)冷藏药品的贮藏、养护

①药库、药房和病区必须有储存需冷藏药品的设施，如冷藏柜或冷冻柜，以保证储存环境温度符合药品说明书要求。

②需冷藏、冷冻的药品应分别放置在相应区域，避免接触有制冷部件的侧壁。

③负责冷藏药品的责任人应定期对冷藏药品进行检查，如发现质量异常，应暂停调配使用，立即报告各部门负责人。

(5)冷藏设施的使用和维护

①每月定期对冷藏药品实行养护，遇到设备故障及隐患应及时与设备科联系，保证药品质量安全。

②各部门指定专人负责冰箱、冷藏柜、冷藏库等冷藏设施的管理工作。

③每日对冷藏设施温度进行2次常规检查和记录，工作过程中随时留意冰箱温度变化，以保证冰箱正常运转。

④每月定期清洁并记录，需要随时清洁，应保证无污物、无结霜等现象。

⑤清洁时应先将药品取出，移至其他冷藏设施内暂时存放，然后切断电源，用软布灌水擦拭，必要时可用中性洗涤剂，擦拭后用干布擦干。

⑥冷藏设施内不得存放与医疗无关的物品。

环节四　药品的出库管理

【知识学习】

药品出库是药品结束储存过程，进入流通领域的重要环节，也是防止不合格药品进入市场的重要关卡。以“先进先出”“先产先出”“近期先出”“易变先出”为原则，按批号发药出库，保证药品有可追踪性，便于追踪和召回。

【技能训练】

一、所需用品

纸、笔、计算机、相关药品。

二、内容及步骤

1. 药房工作人员按照需要填写出库单。

2. 药品库管人员对出库单进行复核工作，认真检查出库单，对无出库单或出库单填写不符合要求的，有权拒绝发货。

3. 药品库管人员严格按出库单进行药品出库，药品出库完毕后，在出库单上签字，将出库单与发放药品交给药房工作人员进行复核，药房工作人员必须按清单逐一核对品种、批号，对实物进行质量检查和数量、项目的核对。复核项目应包括：品名、剂型、数量、生产厂商、批号、有效期等项目，并检查包装的质量状况等。

4. 对出库药品检查后，药房工作人员应在出库单上进行签字，完成复核操作后，药品库管人员将出库单录入计算机系统做出库记录。出库记录及双人签字的原始出库单应保存至超过药品有效期 1 年且不得少于 5 年。

5. 药房工作人员应做好药房药品暂存库的入库药品登记，将药品分类置于暂存库。

6. 药库及药房应每月末盘点，统计药品使用和库存情况，必要时可根据情况随时盘点。

三、注意事项

1. 麻醉及特殊药品按照特殊药品管理办法执行。

2. 书面记录及凭证应当及时填写，并做到字迹清晰，不得随意涂改，不得撕毁。更改记录的，应当注明理由、日期并签名，保持原有信息清晰可辨。

3. 通过计算机系统记录数据时，有关人员应当按照操作规程，通过授权及密码登录后方可进行数据的录入或者复核。

4. 药品管理人员因离职或调换工作时必须做好工作移交后方可离岗。

环节五　特殊情况的处理

此环节内容包括用药后不良反应的处理、报损药品的处理、滞销药品的处理、毒麻药品的管理、急救药品的管理。药房管理中发生的事件多且繁杂，特殊事件及突发事件的产生多不确定，且无法预期，因此对于药房工作人员来说，发生时如何面对是关键。当遇特殊事件时，工作人员知道处理流程是什么，就可以冷静地处理各项事务，不会陷入恐慌中。

Ⅰ　用药后不良反应的处理

【知识学习】

药品不良反应(Adverse Drug Reaction，ADR)是指药品在正常用法用量情况下，对疾病进行预防、诊断、治疗和调节生理功能的过程中出现的一系列有害的、与用药目的无关的反应。

药品不良事件(Adverse Drug Events，ADE)是指药物治疗过程中出现的不良临床事件。它不一定与该药有明确的因果关系。为了最大限度地降低群体的用药风险，本着“可疑即报”的原则，对有重要意义的ADE也要进行监测。

发现上述事件应及时有效地证实、报告，并管理药品不良反应。处理原则为：

一般的ADR每季度集中向地方ADR监测部门报告。新的、严重的ADR应于发现之日的15日内报告。至死亡病例须及时报告。

对于新的或严重的ADR，药房工作人员应及时收集相关文献资料，协助临床医生制定监测及治疗方案。对已确定发生ADR的药品应根据情况采取相应措施，必要时可紧急封存或召回。

每季度将国家或地方ADR监测部门反馈的ADR情况及本单位ADR典型病例，利用网络或刊物及时刊登宣传。

将收集的ADR信息及时报告给临床，提醒用药者注意ADR的危害性，向医生提供药品安全性评价的资料及用药注意事项。也可举办多种形式的宣传教育活动。

【技能训练】

一、所需用品

纸、笔、计算机、相关药品。

二、内容及步骤

1. 负责ADR资料的收集、评价、上报和信息反馈。组织对疑难、复杂ADR病例进行调查、确认和处理。

2. 填写“药品不良反应/事件报告表”。报告所有可疑的药品不良反应，尤其是严重的ADR和新药引起的可疑ADE。

3. 说明不良反应后果，即由于ADR造成的患病动物医疗状况，如并发症或身体受到的损害等。

4. 将填写完整的报告通过电子报表上报，或以传真、邮寄方式递交地方兽医行政管理部门。

三、注意事项

1. 所有的ADR、ADE报告须由药房工作人员处理。

2. 应对ADR、ADE监测报告信息进行汇总。并将这些数据向上一级主管单位进行汇报，最终递交至ADR监测部门，评价药品的安全性。

3. 应制定安全操作规程、防护措施及配备必要的安全防护设备。

Ⅱ　报损药品的处理

【知识学习】

为了加强药品的安全监管，凡是药品有霉变、裂开、过期失效等不符合要求，应办理药品报损制度。报废药品应严格管理，年底组织统一销毁。

【技能训练】

一、所需用品

纸、笔、计算机、相关药品。

二、内容及步骤

1. 盘点或对药品进行检查时，发现其有破损、霉变、过期失效药品，工作人员应填写报废单，报废单须写明药品名称、规格、单价及报损总金额，报损原因等，经药房主管人员审核签字，并上报院长审批。

2. 待批报废药品，应单独集中存放，并有明确标示，可建立专门的报废库，并由专人进行管理。

3. 经审批报废后的药品，一律交专人集中存放在报废库中，药房主管人员与保管员要有交接签字手续。

4. 报废药品由保管员、药品会计填写药品销毁单，上报院长同意后方可销毁。

5. 销毁的药品要进行登记，记录内容为：药品名称、规格、批号、销毁数量、销毁原因、经手人、销毁时间、地点、方式。在进行药品销毁时，必须至少有两人在场并有签字。

6. 麻醉药品和精神类药品应按照相关规定另行处理。

Ⅲ　滞销药品的处理

【知识学习】

滞销药品是指有效期限内新药在1个月内或非新药在3个月以上无销售的药

品。为减少滞销药品的过期失效，减少药品报损数量，减少医院不必要的经济损失，由药房管理人员与各相关科室进行协调，将滞销的药品进行合理的使用。

【技能训练】

一、所需用品

纸、笔、计算机、相关药品。

二、内容及步骤

1. 根据每月盘库情况，药房工作人员于上月末填写"滞销药品登记表"并及时报至本药房负责人。

2. 药房负责人接到报表，应及时与门诊部负责人及医院负责人开会讨论，并将讨论结果反馈到相关药房责任人。

3. 对已确认可以退回供货商的药品，药房负责人应及时填写退货单，并交至药库，经药库工作人员查验后签字，由药库工作人员完成退货的工作。

4. 执行定期检查制度，每月药房工作人员对所负责药品有效期进行盘查，3个月以内有效期药品，药房必须退回库房，药库对退回药品进行登记并反馈给上级领导，在了解医院用药情况后再行决定留存或退货。

5. 药房工作人员对新进药品一个月不用的，即进行清退；对非新进药品3个月内在药房均无消耗的也需进行清退，对该药品实行自然淘汰，退回供货公司。

Ⅳ 毒麻药品的管理

【知识学习】

毒麻药品属于具有危险性的管制药品，必须置于特殊药柜内，进行双人双锁管理。一般的取用也应有严格的登记记录管理。医院应建立毒麻药品使用专册登记表，包括：日期、主人姓名、动物名字、病历号、临床诊断、药品名、规格、处方医师、执行护士等，专册登记并至少保存3年。

【技能训练】

一、所需用品

纸、笔、计算机、相关药品。

二、内容及步骤

1. 毒麻药品应置于特殊药柜中，由双人双锁管理。

2. 药房工作人员需每班查验药品的数量、质量、有效期等，并签名登记。药房负责人每周检查一次并签名登记。

3. 发现过期的毒麻药品不得自行销毁，必须退还药房药库，由药库工作人员根据有关规定集中销毁。交接双方应建立详细的毒麻药品退还交接记录，包括：品名、规格、数量、生产厂家、生产日期、有效期、交接日期及科主任、交接人签字等，退还记录一式三份，交接双方、药库房负责人各一份。

4. 毒麻药品的空安瓿需保留，用于取药时查对。

三、注意事项

毒麻药品的管理必须严格执行双人双锁管理。

V 急救药品的管理

【知识学习】

医院内应定点设置抢救车、急救药品及急救器材。抢救药品原则上应存放于抢救车内，标签清晰，保证基数。抢救车应存放于手术室、住院部或者医院处置大厅等处，以便急救动物时能方便使用。

指定专门的责任人，对急救药品进行及时的补充，定期进行药品的保养和药品质量的检查，为危重、紧急的患病动物提供及时、有效的药品，确保动物的用药安全。

有专门的交接登记本，每月清点一次抢救药品和抢救物品数量，有效期及包装完好性，清点时必须由两名助理同时在场进行并登记签名。

当使用急救药品时应保留原包装安瓿，以便后期的记录，查对及填补。使用后要及时在登记本上记录所使用的药物。

急救药品使用后由两名助理进行清点，将使用的物品按抢救车内原有基数补齐封存。将更换的药品及器材使用有效期及生产日期更改到一览表上。

【技能训练】

一、所需用品

纸、笔、计算机、相关药品。

二、内容及步骤

1. 定期清点抢救药品和抢救物品数量，有效期及包装完好性，清点时必须由两名助理同时在场进行并登记签名。

2. 定期进行药品的保养和药品质量的检查。

3. 使用急救药品时应保留原包装安瓿，以便后期的记录，查对及填补。使用后要及时在登记本上记录所使用的药物。

4. 急救药品使用后由两名助理进行清点，将使用的物品按抢救车内原有基数补齐封存。

【思考与讨论】

1. 药品入库的操作步骤有哪些?
2. 如何验收检查药品质量? 并对其进行分类管理?
3. 动物用药后出现不良反应时如何处理?
4. 滞销药品应如何处理?
5. 毒麻药品应如何管理?

【考核评分】

一、技能考核评分表

序号	考核项目	测评人			综合成绩
		自我评价（15%）	小组互评（25%）	教师评价（60%）	
1	药品入库出库管理				
2	药品储存养护管理、特殊情况处理				
总成绩					

二、情感态度考核评分表

序号	考核项目	测评人			综合成绩
		自我评价（15%）	小组互评（25%）	教师评价（60%）	
1	团队合作能力				
2	组织纪律性				
3	职业意识性				
总成绩					

三、考核内容及评分标准

考核内容	考核项目	评分标准	
理论技能知识	药品入库出库管理	能按照出入库规章对药品进行入库、出库管理，登记录入条目清晰、完整	30
		能对药品进行出入库管理，能对出入库药品进行登记	18
		不能按规章对药品进行出入库管理，药品登记不完整	0
	药品储存养护管理、特殊情况处理	能按药品性质对药品进行正确养护与管理，能对特殊情况进行及时正确处理	40
		能对药品分类管理，能对特殊情况做出比较正确的处理	24
		不能对药品进行正确的养护与管理，无法对特殊情况做出及时有效的处理	0
情感态度	团队合作能力	积极参加小组活动，团队合作意识强，组织协调能力强	10
		能够参与小组课堂活动，具有团队合作意识	6
		在教师和同学的帮助下能够参与小组活动，主动性差	0
	组织纪律性	严格遵守课堂纪律，无迟到早退，不打闹，学习态度端正	10
		遵守课堂纪律，有迟到早退现象，有时做与课程无关事宜，学习态度较好	6
		不遵守课堂纪律，迟到早退，做与上课无关事宜，并不听老师劝阻，态度差	0
	职业意识性	有较强的安全意识、节约意识、爱护动物的意识	10
		安全意识较差，节约意识不强，对动物不爱护	6
		安全意识差，节约意识差，对动物动作粗暴	0

任务二　药品包装的解读及分装的标记

合格的药品包装应具备密封、稳定、轻便、美观、规格适宜、包装标识规范、合理、清晰等特点，满足药品流通、储存、应用各环节的要求。药品包装应当使内含药物制剂中的药物成分与外界隔离，一方面防止药物活性成分挥发、逸出及泄漏；另一方面防止外界的空气、光线、水分、异物、微生物进入而与药品接触。有些药物见光分解，这类药物除了在制剂处方中加入遮光剂(如片剂包衣时加二氧化钛)，还在包装材料中采取了以下措施：用棕色瓶包装、用铝塑复合膜材料包装、在包装材料中加遮光剂。此外，包装材料有隔热防寒作用，某些药物制剂如栓剂、软膏剂、颗粒剂和含有脂质体的药物制剂，对温度较为敏感，所以，包装材料还具有隔热、防寒作用等。

【任务描述】

医院购进新药，每月盘库的时候，工作人员应按照药品外包装所标注信息，对药品进行检查及分类。

【任务目标】

1. 掌握药品内外包装的解读方法。
2. 掌握药品分装的操作方法。
3. 通过本任务，学会正确解读药品说明并能正确对药品进行分装。
4. 培养学生安全操作、团结合作、严谨细致的精神。

【任务流程】

药品外包装及内包装的解读—药品分装的选择及标记

环节一　药品外包装及内包装的解读

【知识学习】

每一种药品都会有一个适应自身特点的包装，如玻璃瓶装、铝塑板装、塑料瓶装、小安瓿装等，但这些只是我们传统意义上的说法，实际上这些包装是药品的内包装，即直接接触药品的包装。在内包装之外，还有药品的外包装，如纸盒、金属盒等。

药品包装必须按照规定印有或者贴有标签并附有说明书。兽药的标签或说明书，应当以中文注明兽药的通用名称、成分及其含量、规格、生产企业、产品批准文号(进口兽药注册证号)、产品批号、生产日期、有效期、适应症或者功能主治、用法、用量、休药期、禁忌、不良反应、注意事项、运输贮存保管条件及其他应当说明的内容。有商品名称的药品，还应当注明商品名称。

【技能训练】

一、所需用品

所需药品、纸、笔。

二、内容及步骤

1. 解读药品名称：药品的名称分为通用名称和商品名称。

药品通用名称是药品的法定名称，是同一种成分或相同配方组成的药品的通用名称，具有强制性和约束性。

药品商品名称是指由生产厂商自己确定，经药品监督管理部门核准的产品名称，具有专有性质，不得仿用。在一个通用名下，由于生产厂家的不同，可有多个商品名称。

如下图所示：北京中农牧科贸有限公司和天津市保灵动物保健品有限公司 2 个生产厂家均生产有注射用头孢噻呋钠粉针剂，他们的药品通用名称都是注射用头孢噻呋钠粉针剂，但药品商品名分别为速可生和注射用头孢噻呋钠。

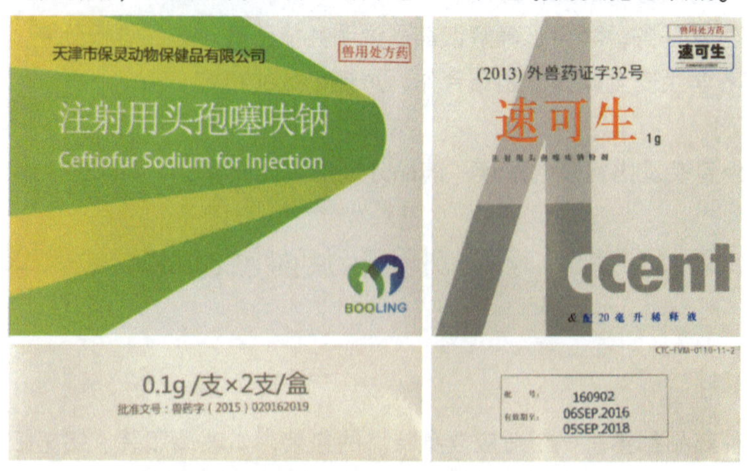

注射用头孢噻呋钠(左、右)**及其生产批号**(下)

2. 解读药品批号及有效期

（1）批号是药品生产批号：是在规定限度内具有同一性质和质量，并在同一生产周期中生产出来的一定数量的药品。指用于识别“批”的一组数字或字母加数字。通过药品生产批号可以追溯和审查该批药品的生产历史。

（2）药品有效期是指该药品被批准的使用期限，表示该药品在规定的贮存条件下能够保证质量的期限。药品外包装上标示的有效期若为具体日期，则有效期至标示日期当日24时，如：有效期至2017年6月16日，则有效期至2017年6月16日24时；若为月份，则为标示月份最后一天24时，如：有效期至2017年6月，则有效期至2017年6月30日24时。

3. 解读药品批准文号。

生产新药或者已有国家标准的药品，须经国务院兽医行政管理部门批准，并在批准文件上规定该药品的专有编号，此编号称为药品批准文号。药品生产企业在取得药品批准文号后，方可生产该药品。从药品的批准文号辨别真伪，可以进入中国兽药信息网输入包装上标示的企业名称、通用名、商品名或批准文号，即可看到该产品的注册信息，以辨别真伪。

4. 对于药品与非药品进行区别

（1）从用途区分：药品是指用于预防、治疗、诊断疾病，有目的地调节生理机能并规定有适应症或者功能主治、用法和用量的物质，包括中药材、中药饮片、中成药、化学原料药及其制剂、抗生素、生化药品、放射性药品、血清、疫苗、血液制品和诊断药品等。

（2）从批准文号区分：凡是没有“兽药准字”批准文号的产品，都是非药品，包括“饲准字”“添准字”或无任何批准文号的产品。

5. 对于药品内包装的解读

（1）药品内包装根据其尺寸的大小，可能包含药品名称、适应症或者功能主治、用法用量、规格、贮藏、生产企业等标示内容，但必须标注药品名称、规格及产品批号，且文字表达应与外包装及说明书保持一致。

（2）药品最小包装单位必须标明该药品的有效期，且文字表达应与外包装保持一致。

（3）对于内外包装内容不一致的药品应当放置在不合格区。

6. 对于药品说明书的解读

（1）打开药品说明书，药品说明书可单独置于药品外包装内，也可直接书写于药品外包装上。

(2)对药品说明书进行解读，一般来说药品说明书应列有以下内容：

①药品名称　通用名、英文名、汉语拼音、化学名称、分子式、分子量、结构式(复方制剂、生物制品应注明成分)。

②主要成分或成分　药品说明书依次列出药品活性成分的化学名。复方制剂可以不列出每个活性成分的化学名称，本项可以表达为本品为复方制剂，其组分为××，每组分按一个制剂单位(如每片、粒、支、瓶等)分别列出所含的全部活性成分及其量。多组分或者化学结构尚不明确的化学药品或者治疗用生物制品，应当列出主要成分名称，简述活性成分来源。处方中含有可能引起严重不良反应的辅料的，该项下应当列出该辅料名称。注射剂应当列出全部辅料名称。

③性状　指药品制剂的物理特征或形态，包括药品的外形、颜色、气味、溶解度以及物理常数等。例如：本品为淡黄色的澄明液体；本品为白色片；本品为胶囊剂，内容物为类白色至微黄色颗粒状粉末；本品为白色冻干块状粉末，注入1.0mL注射用水后，溶液应澄清无色，无不溶性微粒等。

④适应症　指药物适合运用的范围、标准。药品说明书上所标的适应症，是此药经过严格的临床试验后，推荐治疗使用的病症。此项在一些中成药的说明书中常用“功能主治”表示。为药品说明书的主要内容之一。

⑤规格　药品规格分为含量规格和包装规格。含量规格是指单位剂量药品中含有药物的量。例如：规格：0.2g；规格：100mL：左氧氟沙星0.5g与氯化钠0.9g；规格：1mL∶1mg。一般药品所示的规格不含酸根的量，如硫酸庆大霉素只计算庆大霉素的量，盐酸普萘洛尔只计算普萘洛尔的量等。包装规格一般由生产厂商根据具体情况自行制定包装，如25mg×12片/盒。

⑥用法用量　提供了药品的使用方法和使用剂量及疗程等信息，一般来说，临床应严格按照药品说明书的用法用量使用。

a. 吞服：需将药物直接送入消化道，不可碾碎或打开药丸或胶囊。

b. 口嚼：可碾碎或打开药丸或胶囊，用40～60℃温开水送下。

c. 饭前服，饭前30～60min服。

d. 饭后服，饭后15～30min服。

e. 空腹服，餐前1h或餐后2h服。

⑦不良反应　合格药品在正常用法用量下出现的与用药目的无关的有害反应。按照要求，生产企业应将药品不良反应全部列入在药品说明书中。常用下列术语和百分率表示药品不良反应发生频率：十分常见(≥10%)，常见(≥1%，<10%)，偶见(≥0.1%，<1%)，罕见(≥0.01%，<0.1%)，十分罕见

（<0.01%）。

⑧禁忌　应包含“禁用”和“忌用”之意。“禁用”就是禁止使用。例如：对青霉素过敏的动物，就要禁用青霉素类药物。“忌用”是指不适宜使用或应避免使用。药品标明忌用，说明其不良反应比较明确，发生不良后果的可能性很大。

⑨注意事项　提示在药品使用过程中兽医应引起注意的有关方面，如忽视了有可能引起不良反应，甚至带来严重危害。如出现了不良反应，应及时停药。

⑩药物相互作用　包括体外药物相互作用和体内药物相互作用，体外药物相互作用主要是指有无理化配伍禁忌，如颜色变化、沉淀生成、气泡产生及生成其他物质。如奥美拉唑在葡萄糖输液中（偏酸性环境中）容易颜色变深，生成其他物质。

⑪药物过量　包含因药物过量可能带来的后果及临床处理方法。如氟喹诺酮类过量可出现恶心、呕吐、胃痛、腹泻等胃肠道症状，以及兴奋、幻觉、抽搐等神经系统症状，采取措施：给予碳酸氢钠注射液碱化尿液，促进肾脏排泄药物，抽搐时可给予地西泮等。

⑫药理毒理　药理毒理包括药理作用和非临床毒理研究两部分内容。药理作用是指药物作用于机体的机制和作用规律；毒理研究化学物质对生物体的毒性反应、严重程度、发生频率和毒性作用机制，提供药品的致畸、致癌、致突变的研究资料。绝对致死量（LD_{100}）系指能造成一群体全部死亡的最低剂量。半数致死量（LD_{50}）系指能引起一群个体50%死亡所需剂量，也称致死中量。表示LD_{50}的单位mg/kg体重，LD_{50}数值越小，表示外来化合物毒性越强；反之，LD_{50}数值越大，则毒性越低。

⑬药代动力学　简称药动学，从广义上讲，泛指研究药物的体内过程，即机体对药物的吸收、分布、代谢和排泄过程，这4个环节称为药物的体内过程，或称ADME。狭义的药动学则是指以数学模型和公式，研究体内药物随时间的量变规律。

⑭贮藏　药品说明书上一般都会注明药品的保存方式，合理地保存药品能确保药品质量和药效的稳定性。药品的贮藏条件直接影响药品质量。一个合格的药品除了要按照国家药品标准生产外，贮藏条件也是保证其质量的重要环节。例如：密封保存是指应使用加盖玻璃瓶，或加盖塑料瓶保存，不能用纸袋或纸盒保存；避光保存是指药品应装在棕色瓶等避光容器中（日光中的紫外线能加速药物的分解，而棕色瓶对紫外线有滤过作用）；遮光保存：是指药品在无光线环境中保存，如存放在遮光纸盒内（注射用甲钴胺遮光保存；维生素C注射液遮光，密闭保存）；干燥保存是指药品应远离潮湿环境，必要时可使用干燥剂。

⑮包装　一般指药品的每个最小销售单元的包装，必须按照规定印有或贴有标签并附有说明书。如7片/盒。

⑯有效期　药品的有效期是指药品在一定的贮存条件下，能保持质量的最长使用期限，超过这个期限则不能继续销售、使用，否则按劣药进行查处。

⑰批准文号　凡取得国务院兽医行政管理部门批准获得"兽药准字"批号的药品都是具有治疗作用的药品。

⑱生产企业　包括生产企业名称、地址、邮政编码、电话号码、传真号码、客户服务电话、网址等信息，便于直接与生产企业联系。

⑲生产批号　指用于识别"批"的一组数字或字母加数字。通过药品生产批号可以追溯和审查该批药品的生产历史。

三、注意事项

1. 药品批号是用于识别某一批产品的一组数字或数字加字母。但要特别注意这组数字与该产品的生产日期没有直接联系，如某产品批号可标示为20020215、20031245、200507AD等形式，从批号上不能确定生产日期。

2. 进口药品的有效期表示方法：Expiry date(Exp. DATE)，Expiration date，Expiring，Use before都表明是失效期。Validity，duration都表明有效的期限。月份常用英文缩写字母表示，1～12月依次是Jan、Feb、Mar、Apr、May、Jun、July、Aug、Sep、Oct、Nov、Dec。例如Exp. Date：Feb. 2012，则表示失效期是2012年2月，药品可使用到2012年1月31日；Validity：Mar 2013，则表示药品有效期是2013年3月，可以使用到2013年3月31日；日本的药品包装上多用昭和年份表示，只要在它的年份上再加上25年，就和公元年份一致了。欧洲：采取日、月、年的排列顺序，即：Expiry date 31. Mar. 2012或31. 3. 2012；美国：采取月、日、年的排列顺序，即：Expiry date Mar. 31. 2012或3. 31. 2012；日本：采取年、月、日的排列顺序，即：Expiry date 2012. 3. 31。

3. 药品有效期并不是绝对的，如果药品在有效期内外观性状发生了明显变化，也同样是不能使用的。

环节二　药品分装的选择及标记

【知识学习】

药品是特殊商品，其质量要求安全、有效、稳定、均一。动物医护人员应尽量避免药品分装，减少药品污染机会，保证药品质量。然而，由于生产包装的原因，仍有个别药品不能按最小包装量发放给动物主人。为了保证用药安全，节约药品资源，防止药品浪费，在无法采购到合适小包装的情况下，对质量稳定的药品进行分装是必要的。选择分装容器时，瓶装药品应尽量采用原包装，用完一瓶换一瓶；铝箔包装药品应保留铝箔包装，药品分装袋应尽量选择可密封可避光隔热且方便做标记的材料。

【技能训练】

一、所需用品

纸、笔、药品、分装盒、医用手套、分装工具。

二、内容及步骤

1. 分装人员工作前应认真洗净双手，戴上医用手套，严禁裸手接触药品。

2. 分装药品时，用镊子从药品原包装盒中，一粒一粒取出所需数量的药品，装入分装容器中。

3. 在药品分装容器正面标记上药名、规格、数量、有效期、用法用量。

4. 器具使用完毕应进行清洗、消毒后放入专用容器备用。

5. 定期清洗和消毒药品分装工具，至少应做到班前班后分别进行 1 次。

三、注意事项

1. 应根据药物使用频度合理拆零。药品最好用完再补充，不同批号不宜混合一起。

2. 药品分装对于环境要求较高，有条件的动物医院应专门预留符合包装条件的工作室，并在工作前 1h 进行紫外线消毒。分装人员进入分装间前应洗净双手、更衣、带帽、换鞋。

【思考与讨论】

1. 如何解读药品的内外包装?

2. 药品的分装工作需要注意哪些问题?

【考核评分】

一、技能考核评分表

序号	考核项目	测评人			综合成绩
		自我评价（15%）	小组互评（25%）	教师评价（60%）	
1	药品外包装及内包装的解读				
2	药品分装的选择及标记				
总成绩					

二、情感态度考核评分表

序号	考核项目	测评人			综合成绩
		自我评价（15%）	小组互评（25%）	教师评价（60%）	
1	团队合作能力				
2	组织纪律性				
3	职业意识性				
总成绩					

三、考核内容及评分标准

考核内容	考核项目	评分标准	
理论技能知识	药品外包装及内包装的解读	能正确解读药品外包装	30
		能比较正确的解读药品外包装	18
		不能解读药品外包装	0
	药品分装的选择及标记	能按药品性质对药品进行正确分装，能正确对药品进行标记	40
		能对药品进行比较正确的分装，能对药品进行标记	24
		不能按药品性质对药品进行正确分装，不能正确对药品进行标记	0
情感态度	团队合作能力	积极参加小组活动，团队合作意识强，组织协调能力强	10
		能够参与小组课堂活动，具有团队合作意识	6
		在教师和同学的帮助下能够参与小组活动，主动性差	0
	组织纪律性	严格遵守课堂纪律，无迟到早退，不打闹，学习态度端正	10
		遵守课堂纪律，有迟到早退现象，有时做与课程无关事宜，学习态度较好	6
		不遵守课堂纪律，迟到早退，做与上课无关事宜，并不听老师劝阻，态度差	0
	职业意识性	有较强的安全意识、节约意识、爱护动物的意识	10
		安全意识较差，节约意识不强，对动物不爱护	6
		安全意识差，节约意识差，对动物动作粗暴	0

任务三　药品的调剂

药品调剂是指专业技术人员根据动物医生处方调配和发售药剂的一项操作技术。涉及多项药学领域的多单元操作过程，其步骤一般包括收方、审方、配方(包括取药、分装、临时处方药剂的配制等不同内容)、包装、核对、发药等，包含自接受处方到交付动物主人药品全过程。药品调剂工作是专业性、技术性、管理性、法律性、事务性、经济性综合一体的活动过程，也是宠物医师、医师助理、动物主人、患病动物等协调活动的过程。药品调剂作为药品流通的末端环节的操作流程，同时也是药品使用过程的一个步骤，使其既属药品经营范畴又属药品使用范畴。而其中的临时处方配制具有配制行为，又属药品配制或生产范畴。药品调剂的复杂属性是导致其管理混乱与难度的重要原因。在宠物医院药房工作的医师助理应熟练掌握药品调剂工作的相应知识与技能。

【任务描述】

宠物医师为动物开药后，宠物主人来到药房，助理需要接收处方，处方审核，调配处方，复核发药，并指导宠物主人用药。

【任务目标】

1. 掌握读取处方的方法。
2. 掌握调配处方的方法。
3. 掌握复核发药的方法。
4. 通过本任务，学会对处方进行调配，并能进行药品信息服务。
5. 培养学生安全操作、团结合作、严谨细致的素养。

【任务流程】

接收处方—处方审核—调配处方—复核发药—药品信息服务

环节一　接收处方

【知识学习】

接收处方时，应认真逐项检查处方前记、正文、后记书写是否清晰、完整，确认处方的合法性。

【技能训练】

一、所需用品

处方、药品、药品货架、调剂台、药品分类标识、调剂篮、包装袋、药匙、签字笔等。

二、内容及步骤

1. 面向动物主人，面带微笑，态度和蔼，大方得体地接过处方，并向动物主人问好。

2. 询问动物主人姓名，动物名字，并认真核对处方。

三、注意事项

1. 作为药房工作人员，应保持良好的精神面貌和卫生习惯，以专业和蔼的态度面对动物主人。

2. 认真核对动物各项信息。

环节二　处方审核

【知识学习】

处方审核是指药房工作人员收到处方后，在配方过程中和发药前对处方进行的核对。处方审核是调剂工作中的重要环节，是防止差错、事故，保证调剂质量的关键。处方审核的主要内容为：处方书写、药品名称、用药剂量、药物配伍禁忌和用法用量等。

兽药处方一般包含的缩写有以下几种：

1. 兽药处方中常用的关于给药时间的缩写：每日 1 次 q. d，隔日 1 次 q. o. d，每日 2 次 b. i. d，每日 3 次 t. i. d，每日 4 次 q. i. d，每 2 小时 1 次 q. 2h，饭前 a. c，饭后 p. c，空腹 a. j，上午 am，下午 pm，必要时 prn，小时 h，分 min。

2. 兽药处方中常用的关于给药途径的缩写：口服 p. o. ，外用 ad us. ext. ，皮下注射 IH 或 SQ，肌肉注射 im，静脉注射 iv，静脉滴注 iv gtt，吸入 Inhal。

3. 兽药处方中其他常用缩写：右眼 O. D. ，左眼 O. L. ，单眼 O. S. ，双眼 O. U. ，微克 μg，毫克 mg，克 g，千克(公斤)kg，毫升 mL，升 L，SIG 标注。

4. 剂量应当使用法定剂量单位：重量以克(g)、毫克(mg)、微克(μg)为单位；容量以升(L)、毫升(mL)为单位；国际单位(IU)、单位(U)；中药饮片以克(g)为单位。片剂、丸剂、胶囊剂、颗粒剂分别以片、丸、粒、袋为单位；溶液剂以支、瓶为单位；软膏及乳膏剂以支、盒为单位；注射剂以支、瓶为单位，应当注明含量。

【技能训练】

一、所需用品

处方、药品、药品货架、调剂台、药品分类标识、调剂篮、包装袋、药匙、签字笔等。

二、内容及步骤

1. 审查处方前记书写是否正确，有无缺漏。处方前记一般包括：动物医院名称、动物主人姓名、动物名字、动物品种，动物性别、动物年龄、处方编号、病历号、开方日期、临床诊断。

2. 审查处方正文书写是否正确，有无缺漏。处方正文一般以R进行标示，包括药品的名称、剂型、规格、数量和用法用量。处方从开具到调配未超过24h，则符合当日调配原则。

3. 审查处方后记书写是否正确，有无缺漏。处方后记一般包括：医生签名、调配人员签名、复核人员签名、药价及现金收讫章。

三、注意事项

1. 检查处方时，应着重检查使用的药品名称是否为药品通用名称，且与临床诊断相符，无重复用药，无配伍禁忌，药品剂量及数量是否使用的是阿拉伯数字书写，剂量是否使用的是法定计量单位，并符合说明书常用剂量。符合以上条件则认为该处方所列药品剂量、用法正确，且剂型与给药途径合理，书写准确规范。

2. 药品名称应当使用规范的中文名称书写，没有中文名称的可以使用规范的英文名称；医生、助理等不得自行编制药品缩写名称或代号；书写药品名称、剂量、规格、用法、用量要准确规范，药品用法可用规范的中文、英文、拉丁文或者缩写体书写，但不得使用“遵医嘱”“自用”等含糊不清字句。

3. 审查处方时，对于不规范处方或不能判定其合法性的处方，不得调剂；认为存在用药不适宜时，应告知处方医师请其确认或重新开具处方后方可调剂；发现严重不合理用药或者用药错误，应拒绝调剂，及时告知处方医师，并应当记录备案，必要时应当向动物医院主管领导进行报告。

4. 处方开具当日有效。特殊情况下需延长有效期的，由开具处方的医师注明有效期限，但有效期最长不得超过 3 日。处方一般不得超过 7 日用量；急诊处方一般不得超过 3 日用量；对于某些慢性病、老年病或特殊情况，处方用量可适当延长，但医师应当注明理由。

5. 医疗用毒麻药品的处方用量应当严格按照国家有关规定执行。

6. 处方由调剂、出售处方药品的动物医院妥善保存。普通处方保存 1 年，医疗用毒麻药品处方保留 3 年。处方保留期满后，经动物医院主管领导批准、登记备案，方可销毁。

环节三　调配处方

【知识学习】

调配处方时应认真、细致、迅速、准确，同时必须做到“三查七对”，不得估计取药，禁止用手直接接触药品。严格按照处方内容书写药袋、标签，调配药品。药袋或标签上至少需注明动物主人姓名，动物名字和药品名称、用法、用量。

【技能训练】

一、所需用品

处方、药品、药品货架、调剂台、药品分类标识、调剂篮、包装袋、药匙、签字笔等。

二、内容及步骤

1. 依据处方进行取药调配，同时做到“三查七对”。

(1) 三查：操作前查、操作后查、操作时查。

(2) 七对：核对病历号、宠物名、药名、剂量、时间、浓度、方法。

2. 将药品放入调剂篮内，于处方上签字或加盖专用签章。

3. 将处方及药品一并交给复核人员。

三、注意事项

药品用法用量应当按照药品说明书规定的常规用法用量使用，特殊情况需要超剂量使用时，动物医生应当注明原因并再次签名，否则调配人员应拒绝调配，并及时告知处方医师，但不得擅自更改或配发代用药品。

环节四　复核发药

【知识学习】

药品的复核又称核对，是指对调配的药品按处方逐项进行全面细致的核对。药房工作人员严格遵守核对制，处方调配好后的药品应经另一人进行核对无误后方可发出，发出的药品必须在药袋上注明动物主人姓名、动物名字、药品名称、用法、用量，整瓶或整盒的药品要在显著位置注明用法、用量。处方调配人和核对发药人均须在处方上签全名或加盖专用签章。

【技能训练】

一、所需用品

处方、药品、药品货架、调剂台、药品分类标识、调剂篮、包装袋、药匙、签字笔等。

二、内容及步骤

1. 在复核之前，应再次进行处方审核，无误后复核。

2. 核对调配好的药品是否与处方所开药品的品种和数量相符，有无错配、漏配、多配。

3. 复查人员检查无误后，于处方上签字或加盖专用签章。

三、注意事项

当复核发现调配错误时，应由调配人员重新对药物进行调配，然后由复核人员再次进行复核。

环节五　药品信息服务

【知识学习】

向动物主人交付药品时，需按照药品说明书或者处方用法，进行用药交待与指导，包括每种药品的用法、用量、注意事项等。耐心细致的回答动物主人提出的有关用药方面的问题。

【技能训练】

一、所需用品

处方、药品、药品货架、调剂台、药品分类标识、调剂篮、包装袋、药匙、签字笔。

二、内容及步骤

1. 发药人员应首先核对处方，问清动物主人姓名及动物姓名、注意区分姓名相同相似者，防止发生错发事故。

2. 发出药品时应按药品说明书或处方医嘱，向动物主人进行相应的用药交待与指导，包括每种药品的用法、用量、注意事项等。

3. 整理调剂台，将调剂台上物品收拾整齐。

三、注意事项

向动物主人发出药品时，应依据处方顺序依次向主人进行每种药物的交代与指导，包括每种药品的用法、用量、注意事项等，且最后进行数量上的核对，避免交接不清。

【思考与讨论】

1. 如何读取处方?
2. 什么是“三查七对”?
3. 如何进行药品的配药发药?
4. 对动物主人进行药品信息服务时需要注意哪些问题?

【考核评分】

一、技能考核评分表

序号	考核项目	测评人			综合成绩
		自我评价（15%）	小组互评（25%）	教师评价（60%）	
1	药品调剂				
2	药品信息服务				
总成绩					

二、情感态度考核评分表

序号	考核项目	测评人			综合成绩
		自我评价（15%）	小组互评（25%）	教师评价（60%）	
1	团队合作能力				
2	组织纪律性				
3	职业意识性				
总成绩					

三、考核内容及评分标准

考核内容	考核项目	评分标准	
理论技能知识	药品调剂	能按处方对药品进行调剂，做到“三查七对”	50
		能对药品进行调剂，在过程中能做到查对	24
		不能按处方对药品进行调剂，不能做到“三查七对”	0
	药品信息服务	能对宠物主人进行准确详细的药品信息服务	20
		能对宠物主人进行药品信息服务	12
		不能对宠物主人进行准确详细的药品信息服务	0
情感态度	团队合作能力	积极参加小组活动，团队合作意识强，组织协调能力强	10
		能够参与小组课堂活动，具有团队合作意识	6
		在教师和同学的帮助下能够参与小组活动，主动性差	0
	组织纪律性	严格遵守课堂纪律，无迟到早退，不打闹，学习态度端正	10
		遵守课堂纪律，有迟到早退现象，有时做与课程无关事宜，学习态度较好	6
		不遵守课堂纪律，迟到早退，做与上课无关事宜，并不听老师劝阻，态度差	0
	职业意识性	有较强的安全意识、节约意识、爱护动物的意识	10
		安全意识较差，节约意识不强，对动物不爱护	6
		安全意识差，节约意识差，对动物动作粗暴	0

单元五
外科手术

一、单元介绍

在宠物临床中，完成任何一台手术最重要的原则是无菌原则，这就要求除了器械与人员要严格灭菌消毒外，手术人员在术中的任何一个环节，都要保持高度的警觉性，包括动物备皮、人员洗手、穿戴手术衣和无菌手套、打开手术包、使用器械进行手术操作等过程中，无菌操作都占首要地位。

在手术中，麻醉剂的使用存在一定风险，麻醉过度会导致动物死亡。这就要求手术人员在术前做好动物的评估工作，麻醉助手要按动物体重与身体状况慎重使用麻醉剂，为了让医生全神贯注的做好手术，术中助手应随时做好手术监护工作，手术结束后，因为麻醉药物可能会导致动物呛咳窒息而死，因此术后应及时做好术后的管理与后期的养护工作。

本单元介绍了手术前的准备、消毒工作，并以三例常见手术为例介绍了软组织手术的基本操作方法与流程，每个任务侧重点不同，基本涵盖了宠物医师助理在简单腹腔手术中需掌握的知识与技术。

二、单元目标

知识目标：了解宠物绝育手术的操作方法、掌握手术器械的使用方法、掌握手术用品的打包消毒方法，掌握麻醉、切开、缝合、打结、结扎等常见外科手术的操作方法，掌握手术监护方法、掌握术后护理的操作方法。

能力目标：能准确识别并正确使用外科手术器械、能对手术用品进行打包消毒、能对人员及动物进行正确消毒，能熟练完成切开、缝合、打结、结扎等常见外科手术操作，能协助医生完成公犬的去势手术，并对动物进行手术监护、能协助医生完成母猫的绝育手术，能对动物进行气管插管操作、能使用麻醉机、能对动物进行术后护理。

情感目标：树立科学护理宠物疾病的意识、培养关爱动物的职业精神、培养学生安全规范操作的意识、培养学生自我保护意识、培养学生无菌意识。

三、学习单元内容

1. 术前准备
2. 软组织手术基本操作
3. 公犬去势手术
4. 母猫绝育手术

四、教学成果形式

1. 手术室环境的消毒情况、手术器械包的制作和灭菌情况
2. 软组织手术操作正确、熟练、流畅
3. 完成公犬去势手术，麻醉方法正确、监护适宜、术后管理得当
4. 完成母猫绝育手术，呼吸麻醉机使用正确

五、考核内容及标准

考核内容	占单元成绩权重（%）	考核方式	评价标准	单元成绩权重（%）
理论知识	20	笔试	见各任务评价明细	20
操作技能	60	器械使用、消毒、灭菌及无菌操作、手术操作情况		
情感态度	20	过程性考核		

任务一　术前准备

一台手术的术前准备包括手术环境消毒、手术器械灭菌以及手术人员的消毒与准备。无菌原则在小动物手术中是最重要的原则之一，所以在手术前要对手术的用品及人员进行严格的消毒、灭菌。

【任务描述】

某客户带自家宠物犬(母)到宠物医院进行绝育手术，手术前，助理应按照操作规程，完成术前准备工作。

【任务目标】

1. 掌握小动物手术术前准备工作的方法及操作流程。
2. 掌握清洁、消毒、灭菌及无菌的概念。
3. 通过术前准备任务，学会场地、器械及人员的消毒工作。
4. 培养学生无菌意识、团结合作、严谨细致等精神。

【任务流程】

手术室消毒—手术器械包的制作—器械包灭菌—手术人员的消毒与准备

环节一　手术室消毒

【知识学习】

对手术室进行清洁消毒，其目的是为了保证手术室的无菌环境，以满足手术所需的高度无菌环境。

手术室应严格划分为：限制区(无菌手术间)、半限制区(污染手术间)和非限制区。合理的分区，使手术室的各项工作更好地做到消毒隔离、洁污分离，最大限度的避免交叉感染。

【技能训练】

一、所需用品

清洁抹布、拖把、水桶、消毒液。

二、内容及步骤

1. 提前30min开启空调净化系统，超过24h手术间未用需提前60min开启。

2. 使用500mg/L含氯消毒液清洁消毒净化空调回风口过滤网，湿拭清扫治疗车及车轮，台面及地面，清水再清扫一遍。

3. 使用500mg/L含氯消毒液抹布擦拭手术间壁柜、操作台、无影灯、器械车、手术床、脚凳、麻醉机输液架、托盘等物体表面，清水再擦拭一遍。

4. 血压计、听诊器、心电监护仪及微量泵用清水擦拭干净，后用75%酒精擦拭一遍。

5. 简易呼吸机面罩用500mg/L含氯消毒液浸泡后用流动水冲净晾干备用。

6. 手术室专用鞋用清水清洗后备用。

7. 清洗器械刷子，用1000mg/L的含氯消毒液浸泡30min，晾干后备用。

8. 手术前应打开紫外线灯，照射1h。

三、注意事项

1. 清洁工具应标识分明，按清洁区、污染区、无菌区分区使用。

2. 手术间紫外线要求：功率≥30W/m^3，灯距地面<2.5m，配有紫外线反光罩，辐射强度>70μW/cm^2。

环节二　手术器械包的制作

【知识学习】

手术器械与亚麻制品(如纱布、手术服和创巾)等用品在手术前应洗净并消毒，为了使手术过程更加井然有序，可事先将一台手术所需的器械及用品进行打包，手术器械包消毒后贴标签后保存，待手术时取出使用。

【技能训练】

一、所需用品

创巾钳、止血钳、手术刀柄、手术剪、持针钳、镊子、组织钳、手术刀片、带线缝针、结扎线、创巾、洞巾、手术包布。

二、内容及步骤

1. 包装材料的检查。确认包布完整、无破洞、不少于 2 层、无异物黏附、无破损、无毛发异物。

2. 检查手术器械的洁净度、功能、规格、数量。器械的组装必须依照各类器械包的配备单上的内容及数量，准确核对。

3. 包装时，应双层包布包裹，包装松紧度适中，包裹太紧影响蒸汽的渗透。同时，为避免操作失误，第一层与第二层应使用相同的方式包装。包装方法如下：

（1）铺外包巾置于最外层，再铺内层，放置所需物品。

（2）采用信封式的包装方法，先近侧包起，留一折角，然后右手、左手再包起对侧，同样留一折角，包装时每一个步骤要带力，尽量展平每一层包巾，使包闭封完整闭合。

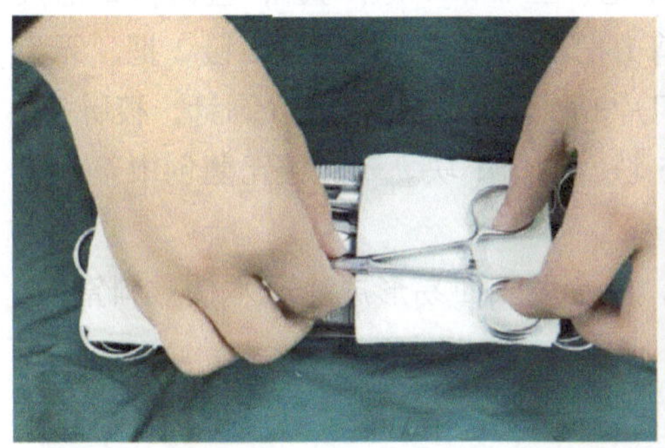

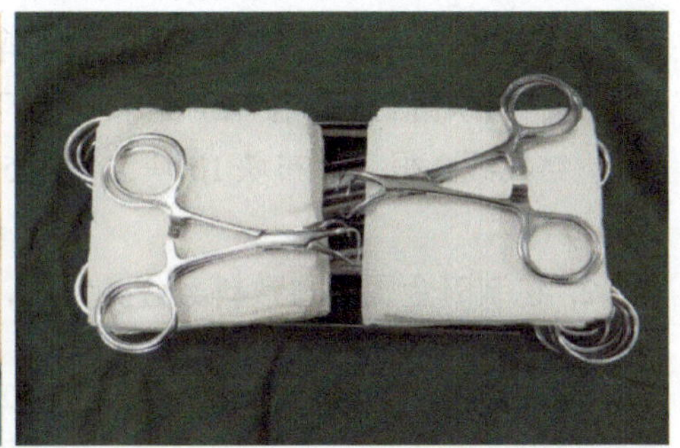

手术器械摆放整齐紧凑

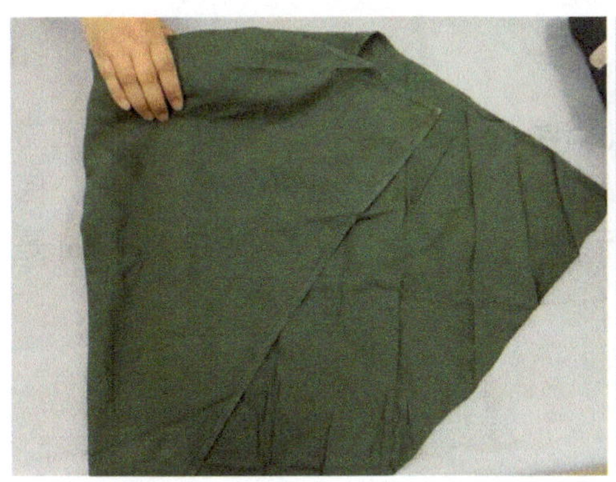

折角外折

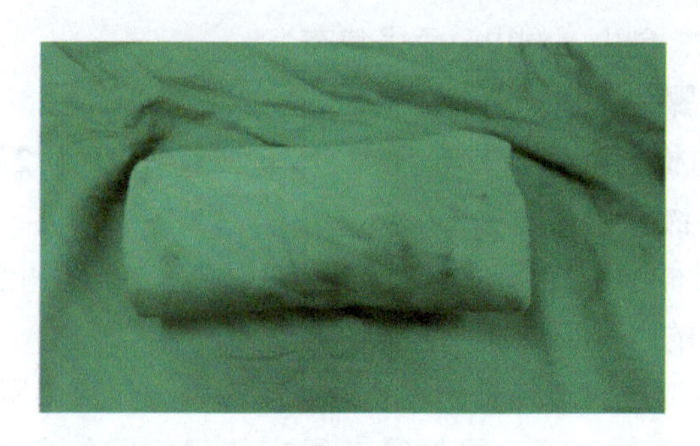

打包完成

4. 封包，贴化学指示胶带在包的开口处，用胶带封包的缝隙处，胶带长度根据包的大小和重量而定，包外贴化学指示标签，标明无菌包的名称、灭菌日期、失效日期、操作者签名。

三、注意事项

1. 基本手术器械包内包括：创巾钳 4 把、止血钳 4 把（弯钳，直钳各 2 把）、手术刀柄一把、手术尖剪 1 把、手术圆剪 1 把、持针钳 1 把、有齿镊 2 把、无齿镊 1 把、组织钳 2 把、拉钩 1 副、手术刀片 1 枚、带线缝针 2 枚（圆针，棱针各 1 枚）、结扎线 2 根、纱布块 10 块、创巾 5 块、洞巾 1 块。一次性无菌创巾可不包在器械包内。

2. 包装时金属类与敷料类分类包装，因金属表面易形成冷凝水使敷料潮湿，容易导致湿包的形成而至灭菌失败。

环节三　器械包灭菌

【知识学习】

灭菌是指杀灭物品上所有的微生物（细菌、病毒和芽孢），需要灭菌的通常是与无菌组织接触或进入脉管系统的物品（如手术器械、纱布、缝合线等）。医院常用高压蒸汽灭菌法对手术器械包进行灭菌，温度为 121℃ 维持 15 ~ 30min 是常见灭菌物品的推荐灭菌温度及时间。

【技能训练】

一、所需用品

手术器械包、高压灭菌锅。

二、内容及步骤

1. 打开灭菌锅，将需要灭菌的物品放入锅内，检查指示灯提示是否工作正常。

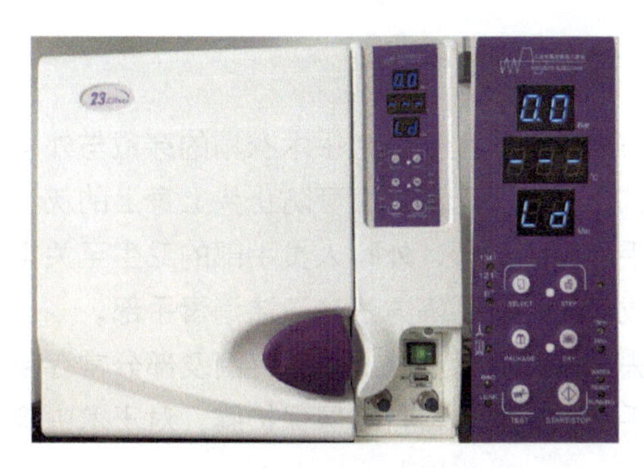

高压灭菌锅控制面板

2. 调节高压温度至121℃，调节高压物品类型。

3. 打开电源，高压灭菌锅开始工作，等待灭菌锅完成高压灭菌，指示灯亮起后方可打开锅盖，取出灭菌物品，关闭灭菌锅电源。

三、注意事项

1. 待灭菌的物品放置不宜过紧。

2. 当指示灯“water”闪灯，表示有污水需要排出或锅内缺水，需要将排水阀门打开，排出污水，加入适量的蒸馏水。

3. 灭菌过程中不能打开锅门，需待灭菌完毕后，指示灯亮起才能开盖。

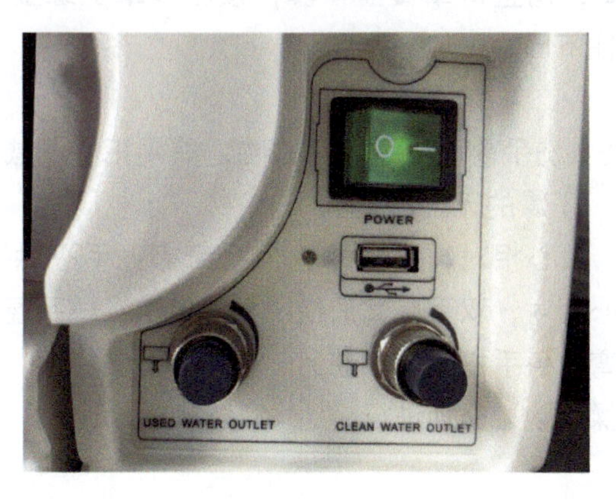

总开关与排水口

环节四　手术人员的消毒与准备

【知识学习】

手术人员消毒与准备工作主要分为手术衣帽的穿戴与外科手的消毒。

手术帽、口罩、手术衣及无菌手套可防止头上身上的灰尘及微生物掉落造成污染，为了能确保手术无菌进行，外科人员手部的卫生至关重要，手部卫生要通过洗手、手部消毒或者外科刷手等方法来清洁消毒手部。

外科手消毒是去除手和手臂皮肤上的暂存菌及部分常存菌防止术后感染。同时，洗手后消毒洗手液在皮肤上覆盖一层保护膜，对于术中刺伤起到一定的保护作用。

【技能训练】

一、所需用品

手术帽、手术口罩、手术衣、鞋套、无菌手术手套、肥皂、洗手液、刷子、灭菌毛巾、脚踏式洗手池。

二、内容及步骤

1. 穿戴手术帽及口罩

(1)选择大小适宜的手术帽，将头发全部塞入帽内，不得外露。

(2)戴手术口罩，调整口罩覆盖口鼻，按压口罩上缘金属条，使之贴合鼻梁，口罩下缘应兜住下巴。

2. 外科手消毒

(1)洗手前准备：洗手前取下手表及饰物，剪平指甲；戴好口罩、帽子；备好洗手液(或肥皂)、干燥的无菌擦手巾。

(2)外科洗手：掌心相对，手指并拢相互摩擦；手心对手背沿指缝相互搓擦，交换进行；掌心相对，双手交叉沿指缝相互摩擦；一手握另一手大拇指旋转搓擦，交换进行；弯曲各手指关节，在另一手掌心旋转搓擦，交换进行；搓洗手腕，必要时旋转搓揉手腕，交换进行。

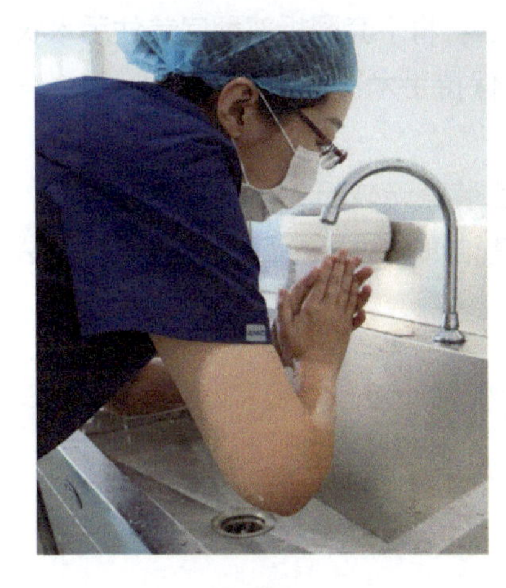

外科洗手

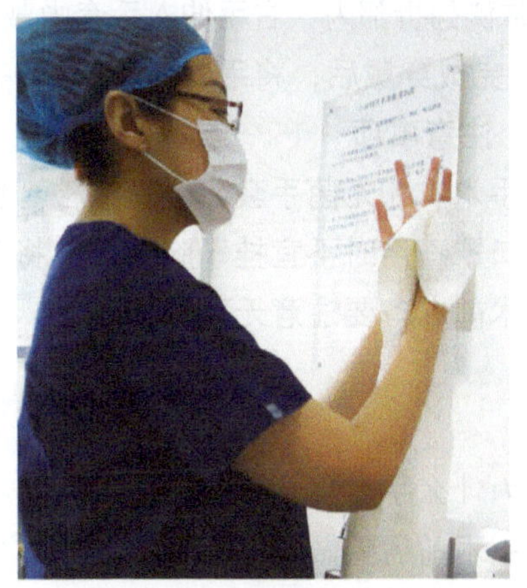

擦手

(3)外科刷手：少量洗手液按上述洗手法清洗手及手臂至肘上12cm，流动水冲洗；取无菌手刷，蘸洗手液10～15mL，交替刷洗两手指、手掌、手臂，至肘上10cm；刷完后将手刷投入污物桶；流动水冲洗手，水由指尖向肘部流下。

(4)擦手：取一块无菌毛巾，拎毛巾一角，从指尖至手臂擦干一只手，使用过的毛巾对侧反面用相同方法擦干另一只手。保持洗手姿势两肘弯曲，双手上举半握呈弓手位，距胸前两拳手臂外展姿态待干。

3. 穿戴手术衣及无菌手套

(1)穿手术衣：助手撕开一次性手术衣外包装，递给术者，术者拿出手术衣，手提手术衣内侧领，正面朝前抖开手术衣，两手伸入袖中，注意手不伸出衣袖，助手拎手术衣内侧为术者调整穿戴，并且协助系衣领部带子与腰部带子。

(2)戴无菌手套：助手撕开无菌手套包装，术者抽出并展开手套包纸，右手捏起左手套的翻折部位，先将左手伸入手套内戴上；用已戴好手套的手指伸入右

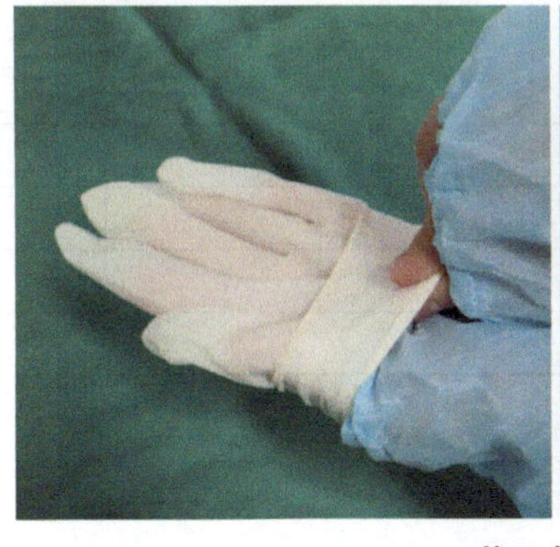

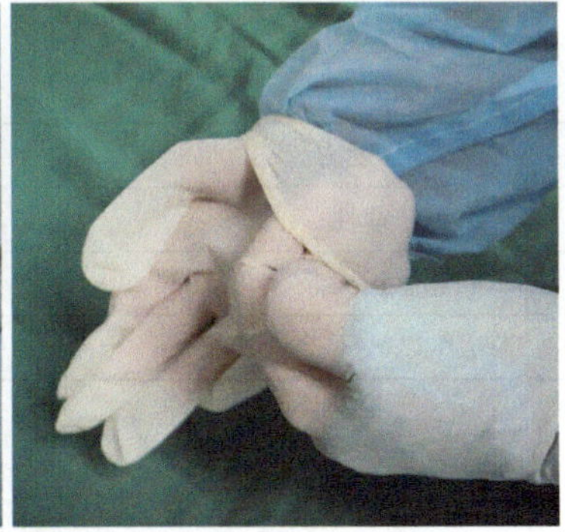

戴无菌手套

手手套掌侧翻折部内；右手伸入手套内戴上；将手套翻折部翻回盖住手术衣袖。

(3)完成穿戴后，将手臂抬至胸前，保持手术准备姿势。

三、注意事项

1. 手术衣和无菌手套，应事先检查包装有无破损、潮湿及有效期。
2. 口罩不用时不宜挂于胸前，应将清洁面向内折叠后，放入干净衣袋内。
3. 术前准备要注意无菌操作。

【思考与讨论】

1. 为什么手术需要无菌操作?
2. 手术前需要做哪些准备?
3. 手术器械的灭菌方法是什么?
4. 手术人员要如何进行消毒?

【考核评分】

一、技能考核评分表

序号	考核项目	测评人			综合成绩
		自我评价（15%）	小组互评（25%）	教师评价（60%）	
1	环境消毒及器械灭菌				
2	人员的消毒与准备				
总成绩					

二、情感态度考核评分表

序号	考核项目	测评人			综合成绩
		自我评价（15%）	小组互评（25%）	教师评价（60%）	
1	团队合作能力				
2	组织纪律性				
3	职业意识性				
总成绩					

三、考核内容及评分标准

考核内容	考核项目	评分标准	
理论技能知识	环境消毒及器械灭菌	能对手术室环境进行消毒，能正确打包器械包，正确操作高压灭菌器对器械包进行灭菌	30
		能对手术室环境清洁消毒的比较干净，能打包器械包，但不美观紧凑，操作高压灭菌器对器械包进行灭菌	18
		不能对手术室环境进行消毒，器械包包装不紧凑，器械的种类和数量包装有误，不能操作高压灭菌器对器械包进行灭菌	0
	人员的消毒与准备	能按人员的消毒准备流程按照步骤进行消毒工作，能把手洗的干净，擦手方法正确，能正确戴手套，穿手术衣，做到无菌操作	40
		能按流程进行人员消毒工作，洗手、擦手方法比较正确，无菌手套佩戴不熟练，动作慢，穿手术衣方法比较正确	24
		不能按人员的消毒准备流程按照步骤进行消毒工作，洗手、擦手方法不正确，戴手套、穿手术衣方法不正确	0
情感态度	团队合作能力	积极参加小组活动，团队合作意识强，组织协调能力强	10
		能够参与小组课堂活动，具有团队合作意识	6
		在教师和同学的帮助下能够参与小组活动，主动性差	0
	组织纪律性	严格遵守课堂纪律，无迟到早退，不打闹，学习态度端正	10
		遵守课堂纪律，有迟到早退现象，有时做与课程无关事宜，学习态度较好	6
		不遵守课堂纪律，迟到早退，做与上课无关事宜，并不听老师劝阻，态度差	0
	职业意识性	有较强的安全意识、节约意识、无菌意识	10
		安全意识较差，节约意识不强，无菌意识弱	6
		安全意识差，节约意识差，没有无菌意识	0

任务二　软组织手术基本操作

软组织手术是小动物临床中较基础常见的手术类型，为了能配合医生完成手术，宠物医生助理应具备基础的软组织手术操作技能。

【任务描述】

在医生的指导下，对动物进行胃切开手术，要求助理按照操作规程，配合医生完成手术。

【任务目标】

1. 掌握动物胃切开手术的流程。
2. 熟悉胃切开手术的操作方法。
3. 通过胃切开手术任务，学会动物软组织手术的基本操作方法及技能。
4. 培养学生无菌意识，以及团结合作、严谨细致等精神。

【任务流程】

动物术前准备—组织分离—止血—组织缝合—术后护理

环节一　动物术前准备

【知识学习】

动物腹腔手术的术前准备工作主要包括：手术器械灭菌、动物术前评估、术前用药与麻醉及动物手术部位备皮消毒等内容。

【技能训练】

一、所需用品

手术台、麻醉药品、保定器械、电剪、酒精棉球、碘酊棉球。

二、内容及步骤

1. 帮助医生完成手术器械打包、灭菌。
2. 观察医生对实验犬做术前评估。

3. 辅助医生完成动物术前用药及麻醉，并将动物保定在手术台上。

4. 在医生指导下对动物手术部位进行剪毛、剃毛，备皮部位要尽可能大，以防感染。

5. 术部消毒：先用酒精棉球由中心向外画圆至剃毛位置边缘，注意只能从内向外涂抹酒精，3 遍酒精棉球消毒后，用碘伏棉球同样方式消毒 3 遍，再用酒精棉球同样方式 3 遍脱碘，完成术部消毒。

环节二　组织分离

【知识学习】

组织分离是指用锐性或钝性分离法将组织分离开，充分显露术野。

锐性分离，即用手术刀或手术剪将组织切开或剪开。此法对组织损伤最小，适用于精细的解剖和分离致密组织。

用刀分离时先将组织向两侧拉开使之紧张，再用刀沿组织间隙作垂直、短距离的切割。用剪分离时先将剪尖伸入组织间隙内，不宜过深，然后张开剪柄分离组织，看清楚后再予以剪开。分离较坚韧的组织或带较大血管的组织时，可先用两把血管钳逐步夹住要分离的组织，然后在两把血管钳间切断。

钝性分离，即用刀柄、止血钳、手指等插入组织间隙内，用适当力量剥离、推开周围组织。钝性分离常用于分离疏松结缔组织，包括扁平肌肉、组织间隙、肿瘤摘除、囊肿包膜外结缔组织或黏连组织的剥离等。可防止神经和血管的意外损伤，避免组织过度开张，减少组织机能的破坏。在手术过程中，锐性切开和钝性分离经常结合应用。

硬组织分离主要指骨组织的分离，都用骨科器械(如骨锯、骨钻、骨凿、骨钳、骨膜剥离器等)将其锯开、凿开、钻孔等。

组织分离的第一步一般采用切开术，即用锐性分离的方法将组织分离开，是显露术野的重要步骤。

选择切口的要求：

1. 切口应尽可能靠近病变部位，最好直接到达手术区。
2. 切口应与局部重要血管、神经走向接近水平，以免损伤这些组织。
3. 确保创液及分泌液的引流通畅。
4. 二次手术时，应避免在疤痕上切开。

【技能训练】

一、所需用品

手术台、手术刀、组织钳、手术剪。

二、内容及步骤

1. 于剑状软骨至脐孔切开皮肤，手术刀与皮肤垂直，力求一次完成切开皮肤。犬猫皮肤移动性较大，可采用皱襞法切开。

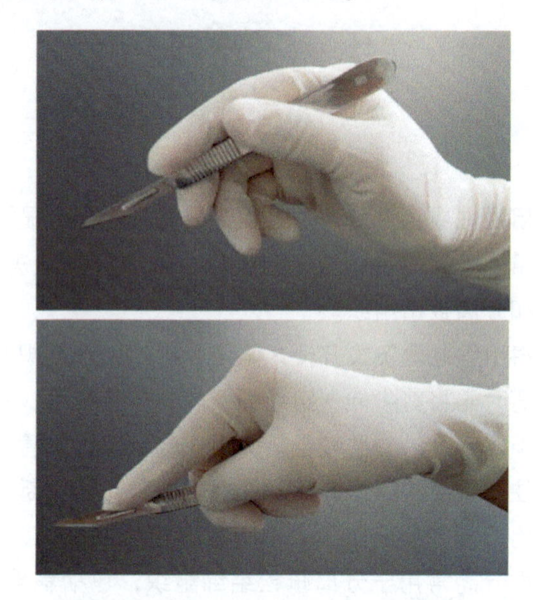

手术刀的持握：执笔式(上)、指压式(下)

2. 按解剖层次切开，由外向内切口大小相同、整齐。

3. 皮下结缔组织和深筋膜分离多采用钝性分离，用尖剪并拢刺入皮下结缔组织中，张开剪刀，分离皮下组织，配合锐性分离切开、剪开，严防损伤大血管和神经干。

4. 暴露腹白线，用组织钳提起腹膜，手术刀刺破腹膜，注意力度不要太大，以免刺伤腹腔内器官。圆剪上挑式沿腹白线剪开腹膜。

5. 沿镰状韧带牵拉出胃，用湿润纱布隔离胃与腹腔。观察胃血管不密集的位置，假设切口，于两侧吊线。

6. 手术刀垂直胃壁下刀，切开胃，注意全层切开，用圆剪沿切口剪开胃部。

三、注意事项

1. 切口大小要适宜。

2. 若需要进行肌肉的切开，应尽量沿肌纤维方向钝性分离，这样易于缝合和愈合。

3. 切开腹白线时，应先用镊子夹起腹白线两侧组织作一小切口，然后插入有沟探针或手术镊，用手术刀反挑式切开腹膜或用圆剪剪开腹膜，防止损伤内脏。

4. 胃的切开时，应将胃牵拉引出创外，做好隔离，严防污染。

5. 对骨组织切开，应先锐性切开骨膜，再钝性分离。尽可能保持骨膜完整性，有助于骨组织愈合。

环节三　止血

【知识学习】

对组织进行止血的方法有以下几种，应根据出血情况选择适当的方法进行止血：

1. 纱布块止血：适用于毛细血管渗血和小血管出血。用温生理盐水纱布块压迫出血处数秒，即可止血。

2. 钳夹止血：用于小血管出血。用止血钳前端夹住血管断端止血。应垂直钳住血管，减少组织损伤。

3. 结扎止血：适用于明显、较大的血管出血，是最可靠的一种止血方法。根据出血血管大小，在止血钳钳住断端血管后，用缝线进行单纯或贯穿结扎止血。

4. 电凝和烧烙止血：电凝止血适用于浅表小出血或不易结扎的渗血。用止血钳夹住出血点，将高频电刀或电凝与止血钳接触，待局部发烟即可。也可用电凝器直接与出血组织接触止血。烧烙止血适用于出血面积较大或出血部位较深的小血管或渗血。将电烙铁或其他烙烧得微红，接触或稍触压出血处，并迅速移开。

5. 局部药物止血：常用明胶海绵或0.1%肾上腺素、1%～2%麻黄素溶液浸湿纱布压迫止血。

【技能训练】

一、所需用品

手术台、纱布、止血钳、生理盐水、一次性注射器。

二、内容及步骤

1. 一次性注射器(20mL)抽灭菌生理盐水，浇湿纱布块。

2. 在切开皮肤、组织及胃时，若遇出血，助手应迅速用纱布块进行按压止血。

3. 若不慎切开小动脉，出血较多，应找到出血血管，用止血钳进行钳夹止血，或进行结扎止血。

三、注意事项

1. 手术中发生动物出血，切忌慌张，找到出血位置，根据出血情况进行适当的止血操作即可。

2. 术中出血应及时止血，并将出血擦净，以免阻挡手术视野，妨碍手术操作。

3. 手术中，进行组织分离应多加谨慎，避开血管、内脏，避免无必要的出血。

环节四　缝合

【知识学习】

临床上最常用的是丝线(不吸收)，组织抗张力强，价廉，易消毒，使用方便，打结确实。可根据组织张力大小，选择不同型号的丝线。可吸收缝线可用于胃肠道、泌尿生殖道等内脏器官的缝合。尼龙线为不可吸收缝线，抗张力比丝线强，组织反应也小。单丝尼龙线常用于血管缝合，多丝尼龙线多用于皮肤缝合。但该线较硬、打结易滑脱，故常采用三重结打结。不锈钢丝，张力强，对组织不起炎症反应，临床常用于固定骨折和缝合张力大的组织，如筋膜、肌腱等，也用于皮肤缝合，以防其被犬猫舔断，创口裂开。

【技能训练】

一、所需用品

手术台、纱布、止血钳、生理盐水、一次性注射器、持针器、带针可吸收缝线、手术弯针、缝线。

二、内容及步骤

1. 用持针器夹好连有可吸收缝线的缝针，对胃切口进行连续缝合，分别缝合黏膜层和浆膜层。

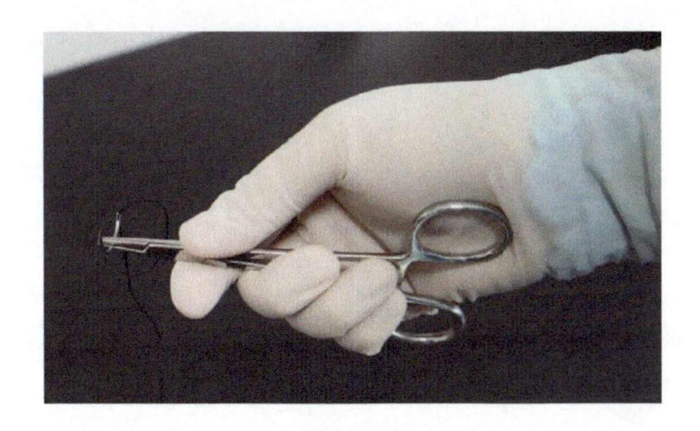

全握式持针

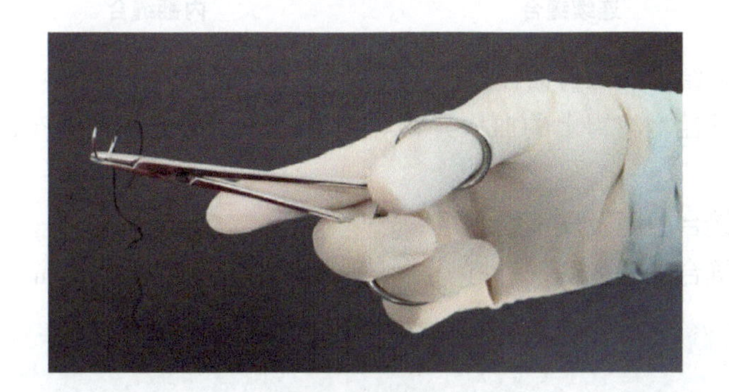

掌握式持针

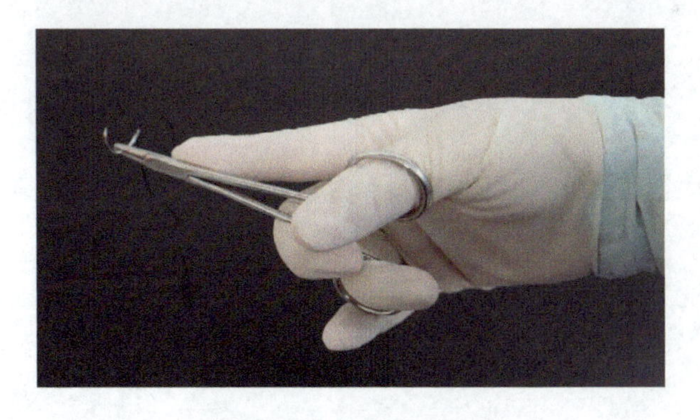

拇指—无名指抓握式持针

合黏膜层和浆膜层。

2. 缝合胃壁后应对缝合组织进行内翻缝合，使缝合组织的表面平滑。

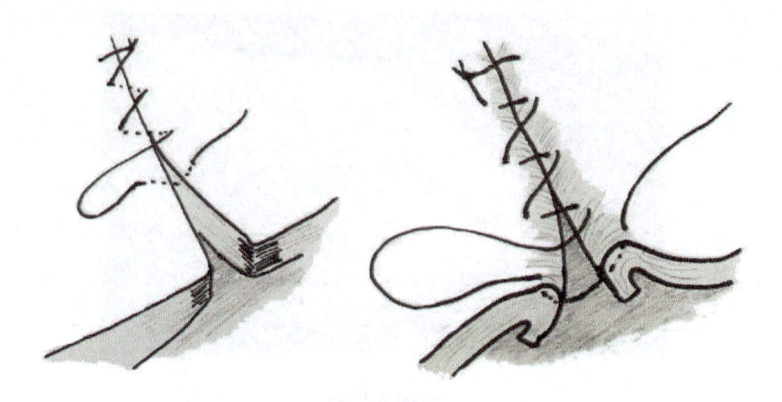

连续缝合　　　　内翻缝合

3. 每缝合结束后进行器械打结，需打4～5个结。

4. 用生理盐水将胃上的血块异物等冲洗干净，撤去隔离纱布，将胃还纳回腹腔中。

5. 连续缝合腹膜及皮下结缔组织。

6. 结节缝合皮肤，缝一针打一结，剪断缝线，针距0.5～1cm。

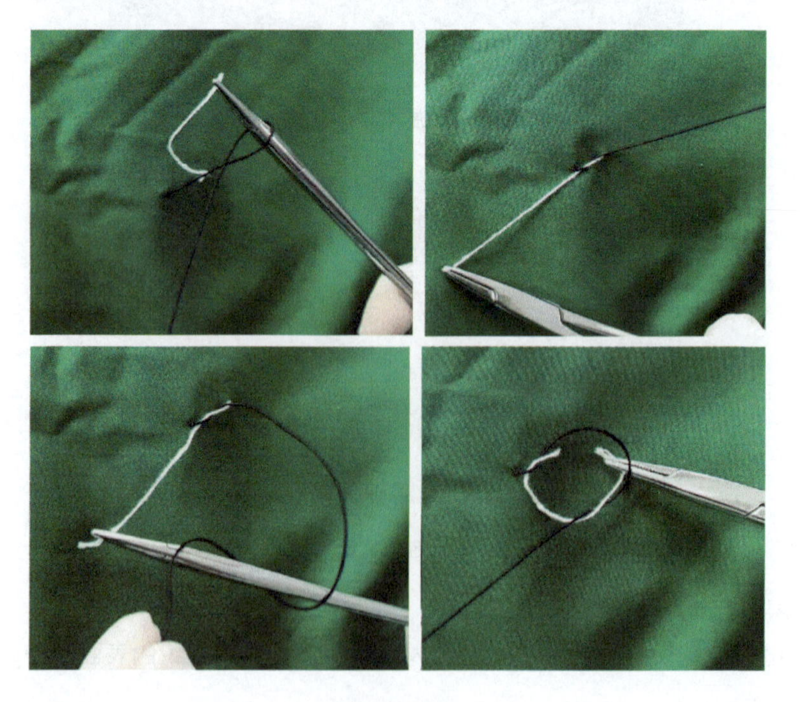

器械打结步骤

方结(正确)

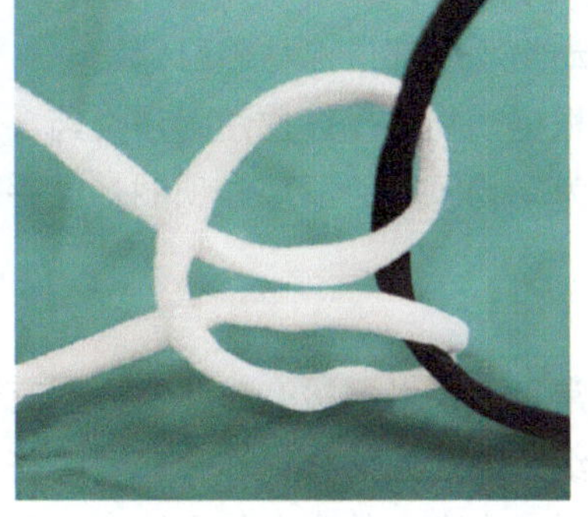

滑结(错误)

三、注意事项

1. 应根据组织的解剖层次分层缝合，不要遗留残腔。

2. 缝合时，应使用缝针垂直刺入和穿出，拔针时要按针的弧度方向拔出。

3. 针距要整齐、相等。

4. 胃的连续缝合要注意针距(3mm)，针距宽了会使胃内容物外漏。

5. 内翻缝合应将伤口及缝线包埋住，不能外漏。

6. 内脏的缝合应用圆针及可吸收缝线，皮肤的缝合可用三棱针。

7. 冲洗胃壁时要注意水不能进入腹腔，避免污染。

8. 除了连续缝合与内翻缝合外，临床还常用外翻缝合。这是将缝合组织的边缘向外翻出，使缝合处内面保持平滑。外翻缝合可分间断垂直褥式缝合和间断水平褥式缝合。常用于皮肤、腹膜、血管等的缝合。

9. 打结线的松紧度，应视不同组织而异，如肠管缝合，不能过紧，否则易撕裂组织；皮肤缝合打得过紧，皮肤易内翻等。

10. 较长的切口缝合，可先在切口中间缝合 1 针。再在两段中间缝合，这样可使切口缘对合整齐，防止吻合口皱褶。

环节五　动物术后护理

【技能训练】

一、所需用品

碘酊棉球、消炎针、手术衣、保定项圈。

二、内容及步骤

1. 动物手术部位涂抹碘酊消毒。
2. 根据动物公斤体重注射消炎药。
3. 为动物佩戴伊丽莎白项圈，穿手术衣，预防动物舔咬伤口，造成感染。

【思考与讨论】

1. 常用的手术器械有哪些？分别有什么用途？
2. 组织锐性分离和钝性分离有哪些区别？
3. 手术中常用的止血的方法有哪些？
4. 简述针对动物不同部位的缝合方法？

【考核评分】

一、技能考核评分表

序号	考核项目	测评人			综合成绩
		自我评价（15%）	小组互评（25%）	教师评价（60%）	
1	术前准备与术后护理				
2	手术操作流程与方法				
总成绩					

二、情感态度考核评分表

序号	考核项目	测评人			综合成绩
		自我评价（15%）	小组互评（25%）	教师评价（60%）	
1	团队合作能力				
2	组织纪律性				
3	职业意识性				
总成绩					

三、考核内容及评分标准

考核内容	考核项目	评分标准	
理论技能知识	术前准备与术后护理	能对正确动物进行术前准备，能根据动物状态对动物进行正确的术后护理操作	30
		能为动物进行术前准备，能根据为动物进行术后护理	18
		不能对正确动物进行术前准备，无法能根据动物状态对动物进行正确的术后护理操作	0
	手术操作流程与方法	能按手术流程进行手术操作，能准确识别并持握器械完成操作，能及时止血，能正确协助医生完成手术	40
		能按手术流程进行手术操作，能比较准确识别并持握器械完成操作，能在医生的提示下协助医生完成手术	24
		不能按手术流程进行手术操作，无法正确识别并持握器械完成操作，不能做到及时止血，无法正确协助医生完成手术	0
情感态度	团队合作能力	积极参加小组活动，团队合作意识强，组织协调能力强	10
		能够参与小组课堂活动，具有团队合作意识	6
		在教师和同学的帮助下能够参与小组活动，主动性差	0
	组织纪律性	严格遵守课堂纪律，无迟到早退，不打闹，学习态度端正	10
		遵守课堂纪律，有迟到早退现象，有时做与课程无关事宜，学习态度较好	6
		不遵守课堂纪律，迟到早退，做与上课无关事宜，并不听老师劝阻，态度差	0
	职业意识性	有较强的安全意识、爱护组织的意识、无菌意识	10
		安全意识较差，爱护组织的意识不强，无菌意识弱	6
		安全意识差，爱护组织的意识差，没有无菌意识	0

任务三　公犬的去势

雄性动物的去势手术可以降低动物前列腺癌等生殖系统疾病的发生概率；若宠物主人没有动物的繁殖需要，将动物进行绝育可以减少动物发情对其本身的不良影响；对流浪动物进行绝育，也是减少流浪动物、降低传染病发病率的有效方法之一。宠物的去势手术是宠物医院最常见的手术之一，因此要求宠物医师助理要熟悉手术流程，掌握操作步骤，能协助宠物医生完成手术。

【任务描述】

某客户带自家宠物犬(公)到宠物医院进行去势手术，由医生主刀，在助理的协助下，按照操作规程，完成公犬去势手术。

【任务目标】

1. 掌握公犬去势手术的方法及操作流程。

2. 掌握镇定剂、镇痛剂、麻醉剂的概念及用药。

3. 通过公犬去势手术任务，学会为动物手术备皮，手术麻醉，手术麻醉监护以及术后护理等技能。

4. 培养学生无菌意识，爱护组织的意识，以及团结合作、严谨细致等精神。

【任务流程】

动物术前准备—术前用药与麻醉—手术部位的准备—麻醉监护—手术过程—麻醉恢复期护理

环节一　动物术前准备

【知识学习】

为完成麻醉计划，更安全的进行手术，需要对动物进行适当的术前评估。评估内容包括病史、临床症状、临床检查、实验室检查和诊断。

对准备手术的动物，应提前做好禁食及纠正体况的准备工作。

【技能训练】

一、内容及步骤

1. 术前评估：对做手术的动物应在手术前做好动物的体况评估，确保动物顺利安全的进行手术。评估等级见下表：

ASA 患病动物身体健康状况分级

分级	描述
1	正常健康的动物
2	患有轻度的全身性疾病
3	患有严重的全身性疾病
4	患有重度的全身性疾病并随时威胁到生命
5	患病动物已处于濒死状态，如果不实施手术，可能无法生存
6	宣布脑死亡，正在摘取器官，用于捐献
E	若为急诊手术，可以在“2～6 级”评定级别后加 E 以示区别

在 2～6 级中加一个“E”，提示该手术为紧急手术，需要立即处理。紧急麻醉比择期麻醉的风险更大。

2. 禁食：依据动物种别年龄，决定禁食的条件。一般来说，对于成年的犬，猫禁食 8～12h 即可，可不限制饮水。对于幼年动物及一些玩具品种的宠物来说，因为糖原贮存量较少而应适当减少禁食时间。

3. 纠正体况：如条件允许，应尽量使所有异常的临床体征都恢复正常，以便能获得最佳的手术治疗效果，例如平衡电解质，补水等。

4. 做好动物苏醒方案及紧急药物清单，备于可移动式推车或急救药箱内。

二、注意事项

1. 为防止在麻醉或手术过程中出现呕吐反应而引起窒息或吸入性肺炎，应确实做到术前禁食。

2. 任何麻醉及手术都伴随着一定的风险，因此有必要向动物主人说明麻醉及手术风险，获准后再进行手术。

环节二　术前用药与麻醉

【知识学习】

理想情况下，术前给药可使患病动物在手术前保持平静、放松和镇静的状态。为了能使动物配合，术前通常会给予动物一定量的镇定和止痛药物，特殊情况下，还应给予抗生素、抗组胺药物、止吐药或皮质类固醇药物等。

麻醉用药种类、剂量、给药：

1. 抗胆碱能药物：抗胆碱能药物(如阿托品、格隆溴铵)作为一种术前常用药物，可以防止迷走神经反射和减少腺体分泌。在临床实践中，在麻醉评估为一级或二级的动物，抗胆碱能药物常作为常规药使用。

2. 镇定剂：为了尽量减少动物的应激及焦虑情绪，使其易于保定，保证治疗效果，术前往往会给于动物一定量的镇静剂，常用的镇定剂有乙酰丙嗪，地西泮等。

3. 镇痛剂：在术前使用，提供镇痛及抗炎效果，这样能够使患病动物安静或提前止痛，可减少或避免麻醉相关的副作用，增进麻醉效果。例如非甾体抗炎药(NSAIDs)，阿片类药物等。

4. 其他术前用药：对于一些存在污染的手术需要使用抗生素；有时为减少动物术后晕眩及呕吐的可能，为避免吸入性肺炎和反胃的发生，会给予动物止吐药；糖皮质激素偶尔会在术前使用，以降低组织发炎和疼痛等。

【技能训练】

一、所需用品

硫酸阿托品注射液、舒泰50、一次性注射器。

二、内容及步骤

1. 镇静：皮下注射硫酸阿托品注射液，剂量为0.02~0.04mg/kg。

2. 化学麻醉：15min后，肌肉注射舒泰，剂量为5~10mg/kg。

三、注意事项

一般情况舒泰麻醉时间为20~30min，若配合麻醉前用镇定药物能延长麻醉时间。若动物在手术中有苏醒的反应，应及时追加麻醉药，每次追加麻醉的剂量为初始剂量的1/3。

环节三　手术部位的准备

【技能训练】

1. 公犬的去势手术，需要对阴囊及阴茎进行备皮，要求备皮干净，且范围大。

2. 皮肤褶皱不容易刮毛剃毛时，可拔毛处理。

3. 剃毛干净后，以中点为圆心，从内到外画圆圈的手法依次涂抹酒精、碘酒、酒精，进行消毒。(备皮方法见任务二)

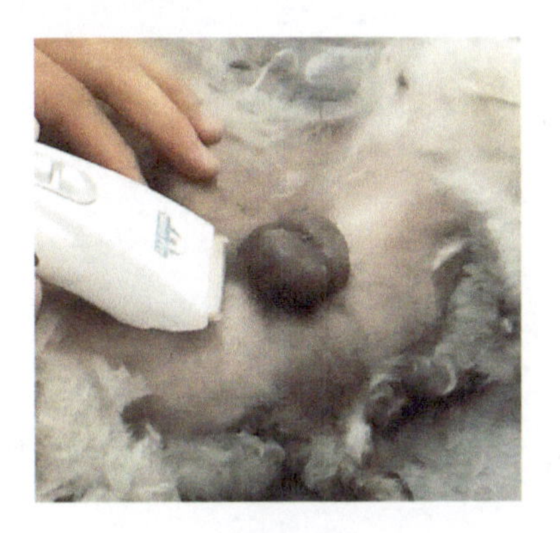

剃毛

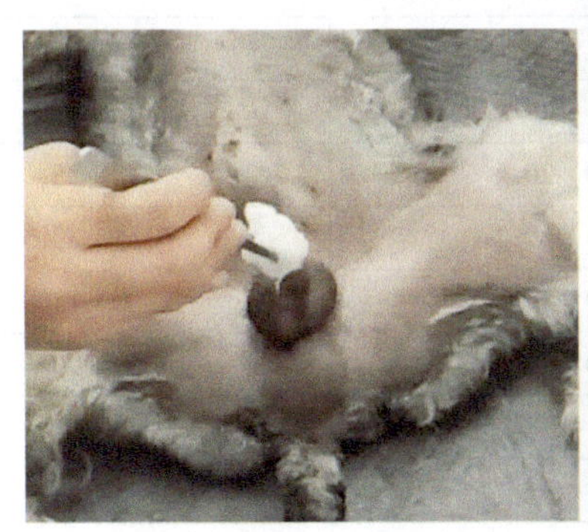

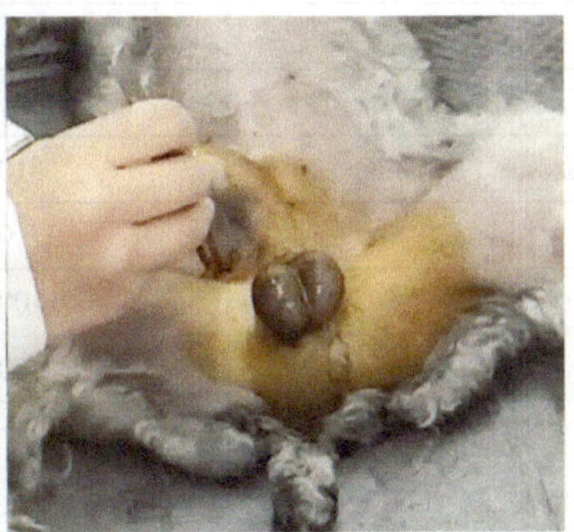

术部消毒

环节四　麻醉监护

【知识学习】

麻醉监护是应用人的感官，机械等技术，在麻醉和手术过程中连续的测定和观察动物各种生理功能变化，判断麻醉深度，保证麻醉安全，提高麻醉质量的诊疗手段。

麻醉监护时，电子监护仪可用于持续连续监测，人工监测时，在动物进入麻醉手术期前需持续连续监测，进入麻醉手术期，动物情况稳定后可每隔5～15min进行监测一次。

【技能训练】

一、所需用品

麻醉监护仪。

二、内容及步骤

常规监测内容：

1. TPR（temperature，pulse，respiration 体温、脉搏、呼吸）及常规生理指标的监测。

清醒犬、猫在室内时的正常指标

指标	犬	猫
心率（次/min）	60～120	100～200
呼吸频率（次/min）	10～20	15～25
体温（℃）	37.0～39.2	37.5～39.5
收缩压	100～150	100～150
舒张压	60～90	60～90
平均值	80～100	80～100
中心静脉压（cmH20）	<5	<5
尿量（mL/h）	1	1

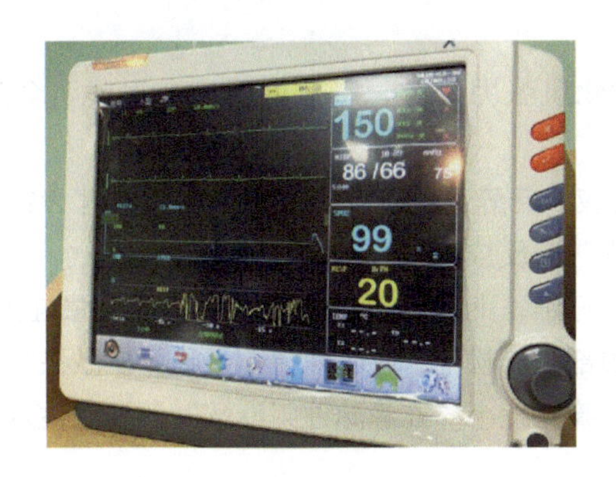

麻醉监护仪

2. 对反射活动的监测

吞咽反射：刺激咽后壁，正常时引起咽肌收缩的反应。

眼睑反射：是指刺激眼内角皮肤或沿着睫毛滑动手指引起的反应。

角膜反射：主要通过轻触角膜表面而出现，使眼睑闭合。

肛门反射：是指突然刺激肛门时，肛门括约肌出现收缩。

瞳孔对光反射：光照一侧瞳孔，引起双侧瞳孔缩小的反应，称为瞳孔对光反射。

3. 对骨骼肌张力及松弛程度的监测。

三、注意事项

1. 麻醉分期的判断

(1)浅麻醉期：出现轻度肌肉松弛，吞咽动作、角膜和眼睑反射仍然存在，可能会流眼泪，出现眼球震颤。眼球处于中间位置，瞳孔可能扩大，肛门非常紧张，捏动物脚趾有撤离动作。

(2)麻醉手术期：肌肉松弛度良好、吞咽动作、眼睑反射消失，但是角膜反射仍然存在。眼球转到腹侧，肛门松弛，捏动物脚趾无反应。

(3)深麻醉期(危险)：肌肉进一步松弛(包括肛门反射消失)。所有眼睛反射消失，眼球位置转到背侧中央，瞳孔可能收缩。

2. 麻醉深度的判断

(1)呼吸：动物呼吸加快或不规则，说明麻醉过浅，若呼吸由不规则转变为规则且平稳，说明已达到麻醉深度；若动物呼吸变慢，且以腹式呼吸为主，说明麻醉过深动物有生命危险。

(2)反射活动：主要观察角膜反射或睫毛反射，若动物的角膜反射灵敏，说明麻醉过浅；若角膜反射迟钝，麻醉程度适宜；角膜反射消失，伴瞳孔散大，则麻醉过深。

(3)肌张力：动物肌张力亢进，一般说明麻醉过浅；全身肌肉松弛，麻醉合适。

(4)皮肤夹捏反应：麻醉过程中可随时用止血钳或有齿镊夹捏动物皮肤若反应灵敏，则麻醉过浅；若反应消失，则麻醉程度合适。

观察麻醉效果要仔细，上述4项指标要综合考虑，最佳麻醉深度的标志是：动物卧倒、四肢及腹部肌肉松弛、呼吸深慢而平稳、皮肤夹掐反射消失、角膜反射明显迟钝或消失、瞳孔缩小。在静脉注射麻醉时还要边注入药物边观察。

环节五　手术过程

【知识学习】

公犬的生殖系统包括：睾丸、附睾、阴茎、龟头、阴囊、输精管、前列腺等器官。

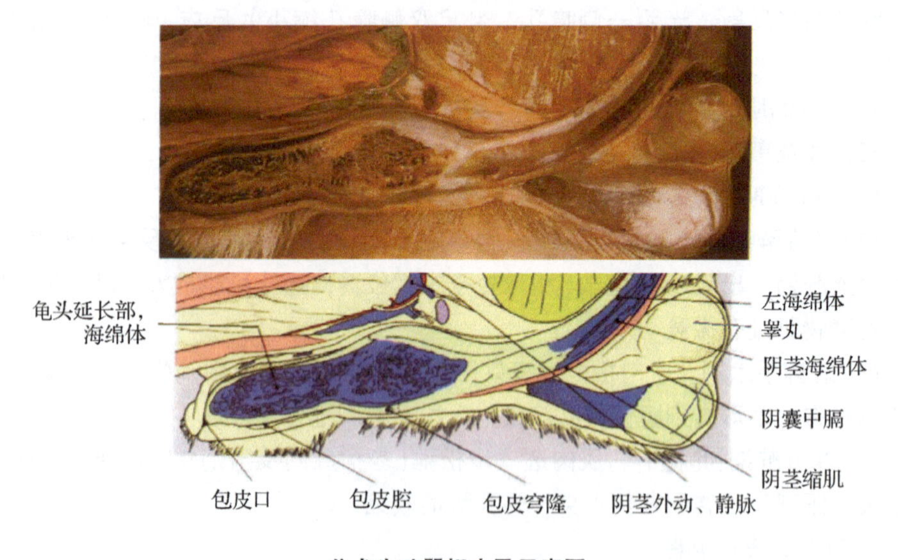

公犬生殖器标本及示意图

睾丸有一对，位于阴囊中，呈卵圆形，两侧略扁平，其组成主要是弯曲的精细管，这种精细管是由睾丸腺体组织所组成，功能是产生精子。附睾与睾丸密切相连，是一个弯曲的管，头部和睾丸输出管相连，尾部和输精管相连，其机能是使由睾丸精细管排出的精子在此存留一个时期，而使精子的发育更充分、更完善，同时附睾的分泌物有助于精子活动。输精管形状似导管，由发达的平滑肌组成，故有射精作用。一端连接附睾尾，一端位于膀胱上部，通过精囊移行于骨盆部尿道，射精时由尿道排出。前列腺位于膀胱颈及尿道的连续部，亦为腺体组成，具分泌功能，为增强精子活力。阴茎是交配器，分为阴茎根、阴茎体、阴茎头3部分。阴茎是由海绵体组织构成的。海绵组织于静脉充血时扩张，且具有弹性，因此阴茎的体积可以增大也可以伸长。阴茎的末端是一个较长的龟头，其中有小块骨。

公犬去势是摘除公犬的睾丸或破坏睾丸的生殖机能，使其失去性欲和繁殖能力的一种方法。

【技能训练】

一、所需用品

手术台、手术器械包、创巾。

二、内容及步骤

1. 术者左手无名指向前推一侧的睾丸(一般是先切左侧)，拇指和食指、中指固定好被推向前的睾丸，使皮肤绷紧，利于切割时皮肤与下面的睾丸不会移动错位。

2. 右手执笔式持手术刀，在阴囊前侧的皮肤上做切口。注意不要在阴囊上切，因为阴囊皮肤非常敏感(我们知道阴囊常发生阴囊皮炎，就是由于该处皮肤敏感的问题)，如果在阴囊上切动物会很疼痛。所以要将睾丸推到前面切，猫的去势无法往前推，只能在阴囊上切。

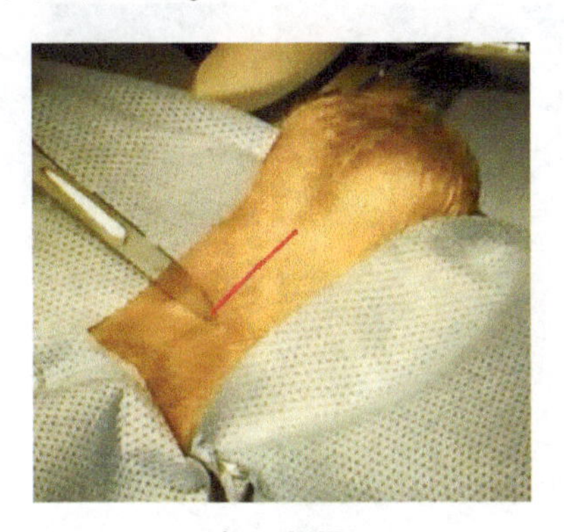

切口位置

3. 手指抵住一侧阴囊，将睾丸推向切口位置，手捏住睾丸，绷紧皮肤，依次切开皮肤、皮下组织 、总鞘膜。

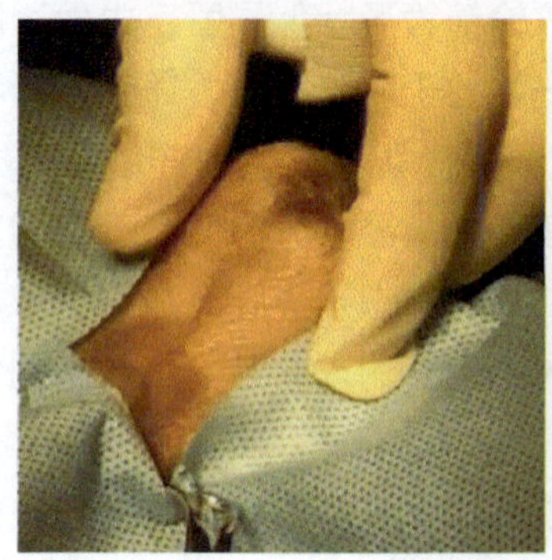
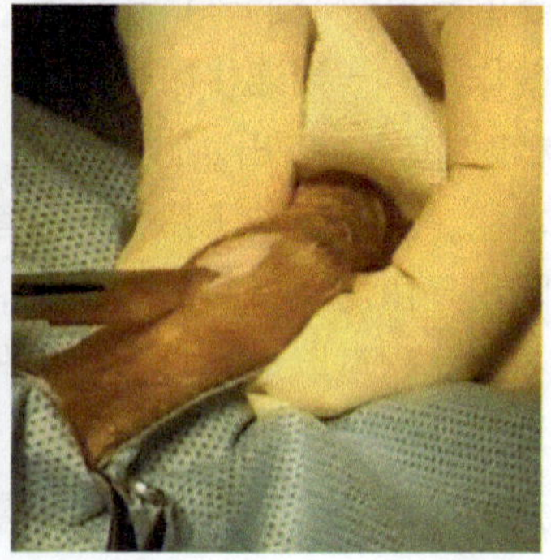

前推睾丸切开皮肤

4. 暴露睾丸。

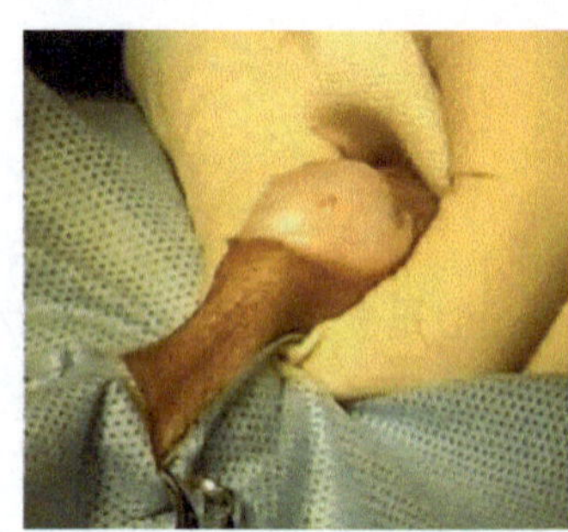
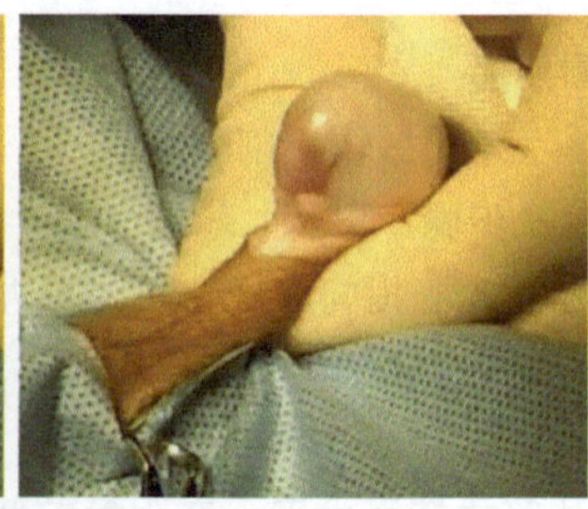

暴露睾丸

5. 左手握住睾丸，右手持止血钳夹住附睾尾附近的总鞘膜，双手用力将附睾尾韧带撕开。

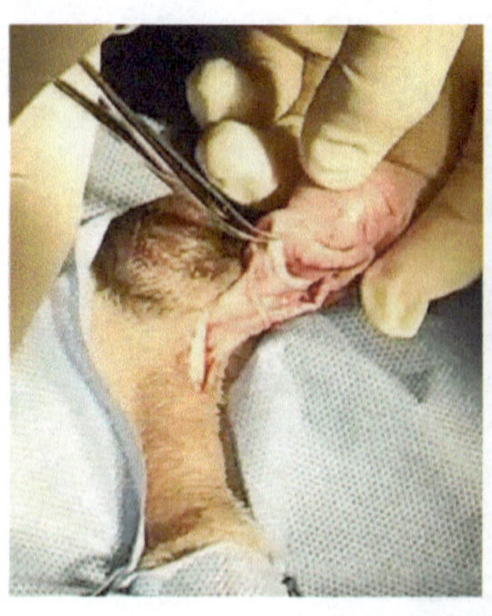
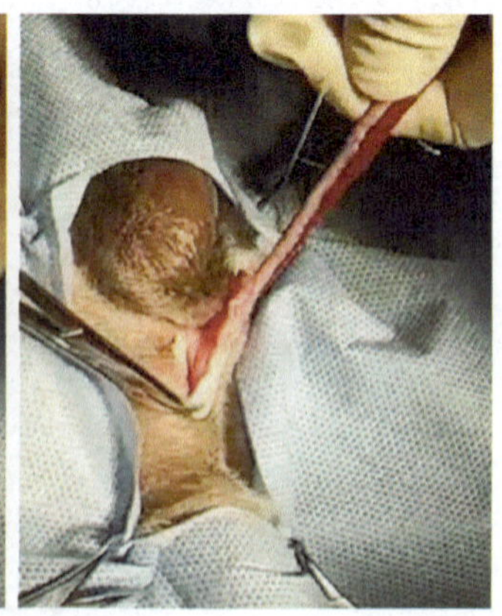

钳夹附睾尾撕开韧带

6. 将睾丸分离下后暂时将其向前拉，放在创巾上，缝线环绕并打结。

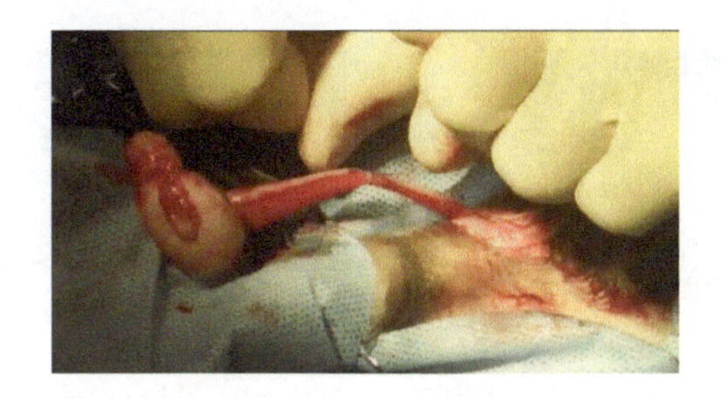

结扎

7. 用一把止血钳夹持总鞘膜上附睾尾韧带的撕开部位，防止断端小血管出血，出血严重时要捻转止血、烧烙止血、电凝止血甚至结扎止血。在小型犬一般问题不大，但是对于大型犬，此处如果止血不彻底，很容易术后睾丸肿大。

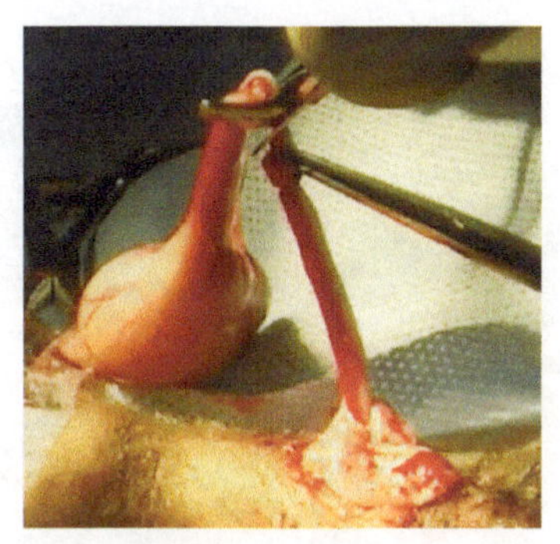

8. 结扎精索，沿结扎线切掉睾丸。
9. 将结扎好的精索塞回到鞘膜腔内。

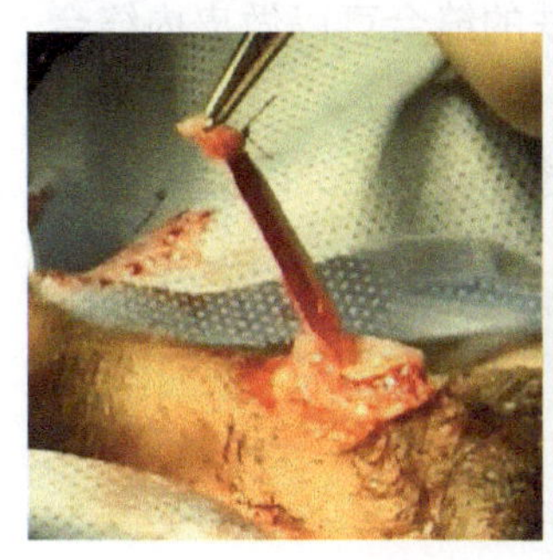
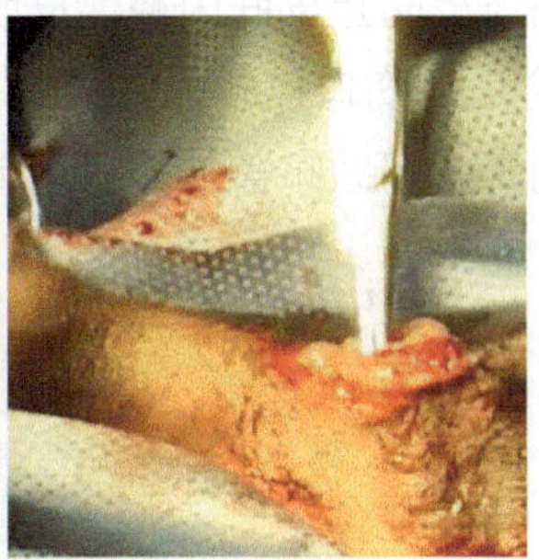

将精索还纳回鞘膜腔

10. 用同样的方法将右侧的睾丸切除。
11. 如果精索断端过长，可以剪除多余的组织。
12. 缝合鞘膜，并还纳回阴囊。缝合皮下组织。

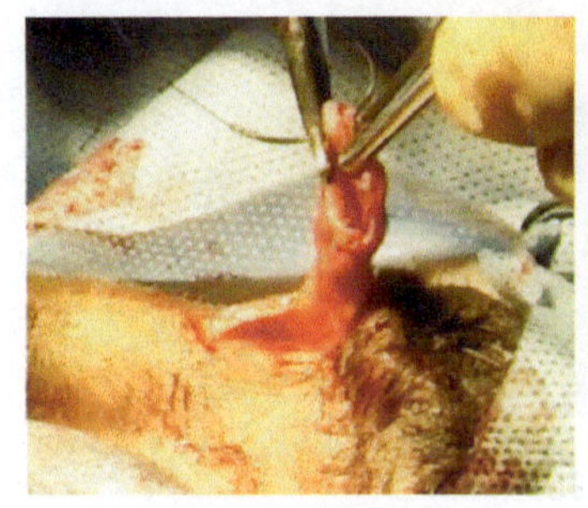

缝合鞘膜

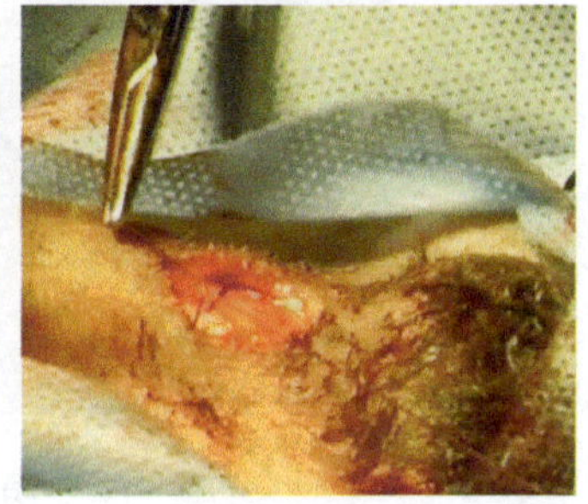

缝合皮下组织

13. 结节缝合皮肤。如果为大型犬或者总鞘膜切口处出血较多，可以电凝止血或者用可吸收线缝合总鞘膜，然后再缝合皮肤，小型犬一般只缝合皮肤或者稍带一下总鞘膜即可。

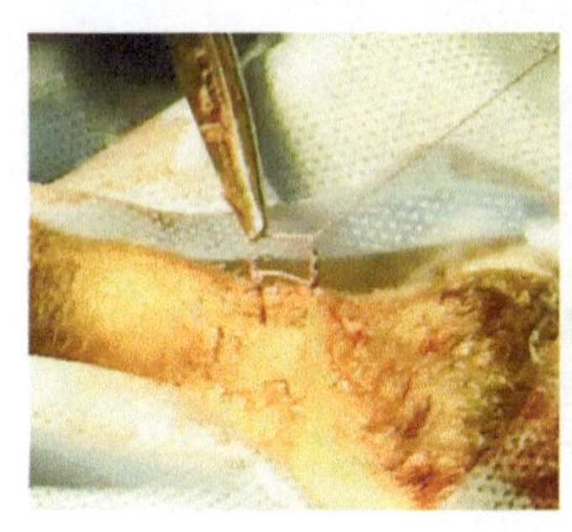

缝合皮肤

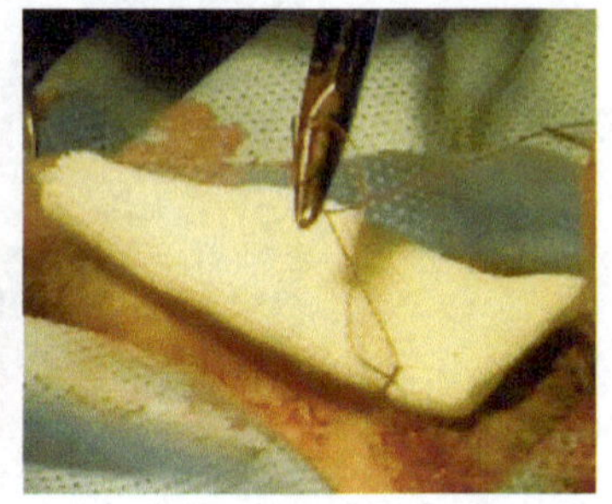

盖纱布

14. 整理伤口，防止皮肤内翻，皮肤的缝合可以做皮内缝合，术后根据动物的活动性选择合适的伤口包扎的方式。

15. 术部消毒，用纱布盖住术口，缝在皮肤上，以保护术口。

环节六　麻醉恢复期护理

【知识学习】

手术结束后，由于麻醉药、肌松药等药物的残余药理作用及动物身体状况的改变，在麻醉恢复期间容易发生各种并发症。一般来说，麻醉及手术的并发症最有可能发生在术后的 3 ~ 6h 以内，如监护治疗不当，则危及患病动物的安全及健康。

【技能训练】

一、所需用品

常用药物、注射器、气管插管、保温垫及敷料、氧气管道、输液器及输液泵、体温计。

二、内容及步骤

1. 保持动物呼吸道通畅，避免受压，延伸头部维持侧卧位，移除分泌物。

2. 确定温度(>37℃)，可利用毛巾、加热垫等进行加热。

3. 持续观察犬只，直到其能自己维持俯卧姿势。

4. 可不断摩擦动物身体，伸展或屈曲四肢来刺激动物苏醒。

5. 若在恢复期动物出现过度兴奋、狂躁或疼痛，可给予小剂量镇静剂或止痛剂。

6. 视情况维持输液。

三、注意事项

1. 发生恶心呕吐的处理

(1)一旦发生恶心呕吐，应对动物立即采取俯卧头低位，让胃内容物从口角流出，并用敷料或吸引器清除口咽部胃内容物以减少误咽和误吸。

(2)根据医师处方，对动物进行药物处理。

2. 发生低氧血症的处理

(1)寻找原因对症治疗。

(2)让动物采取侧卧位，头部后仰，放置呼吸面罩，进行吸氧。

(3)如术后发生严重低氧血症，动物靠自主呼吸无法纠正低氧血症可采取辅助呼吸。

(4)紧急病例，可在麻醉状态下进行气管插管，根据低血氧症严重程度采取间断加压呼吸或在镇痛药、镇静药或肌松药的作用下施行连续加压呼吸来改善其低血氧症。

3. 发生肺水肿的处理

(1)保证合适的灌注，限制输液速度。

(2)药物治疗降低肺水压：利尿、限制输液量及应用血管扩张剂。

4. 发生低血压的处理

(1)静脉快速补液或输血。

(2)根据实际情况采取药物治疗：应用 α、β 受体激动药。

5. 发生苏醒延迟的处理

(1) 寻找原因：检查体温、血糖、电解质和血气，针对原因进行处理。

(2) 放置呼吸面罩，进行吸氧。

(3) 应用拮抗剂：根据实际情况，分别应用拮抗麻醉性镇痛药、镇静药和肌松药的残余作用。

(4) 如采用以上方法仍不清醒，可考虑是否是某些特殊原因进行处理：如颅内压升高，脑栓塞等。

6. 发生麻醉后寒颤的处理

(1) 注意保温，防止体温下降。

(2) 挥发性麻醉药易产生寒颤，以哌替啶为主的阿片类药物可有效治疗麻醉后的寒颤，其他如多沙普仑也能有效预防麻醉后寒颤的发生。

(3) 由于剧烈疼痛产生的寒颤动物会同时出现躁动和烦躁不安，若用止痛药物不可控制，可小剂量应用麻醉性镇痛药以达到最大的镇痛效果。

7. 发生全麻后低温的处理

(1) 注意保温。

(2) 放置呼吸面罩，进行吸氧。

(3) 采用加热棒或热水瓶，对静脉补充加温液体，严重时可根据实际情况考虑进行输血。

(4) 药物治疗。

【思考与讨论】

1. 公犬去势手术应该如何进行备皮?
2. 简述公犬去势手术方法?
3. 在手术中需要注意哪些问题?
4. 术后护理中动物可能会出现哪些不良反应? 应如何处理?

【考核评分】

一、技能考核评分表

序号	考核项目	测评人			综合成绩
		自我评价（15%）	小组互评（25%）	教师评价（60%）	
1	麻醉与监护				
2	手术操作流程与方法				
总成绩					

二、情感态度考核评分表

序号	考核项目	测评人			综合成绩
		自我评价（15%）	小组互评（25%）	教师评价（60%）	
1	团队合作能力				
2	组织纪律性				
3	职业意识性				
总成绩					

三、考核内容及评分标准

考核内容	考核项目	评分标准	
理论技能知识	麻醉与监护	能根据动物生理状态对动物进行麻醉，麻醉用量合适，能正确使用麻醉监护仪对动物麻醉状态进行监护	20
		能对动物进行化麻醉，麻醉量比较合适，能在提示下完成监护工作	12
		不会对动物进行麻醉，不会计算麻醉用量，动物在操作中醒来不会补麻醉，不能进行麻醉监护	0
	手术操作流程与方法	能按手术流程进行手术操作，能准确识别并持握器械完成操作，能及时止血，能正确协助医生完成手术	50
		能按手术流程进行手术操作，能比较准确识别并持握器械完成操作，能在医生的提示下协助医生完成手术	30
		不能按手术流程进行手术操作，无法正确识别并持握器械完成操作，不能做到及时止血，无法正确协助医生完成手术	0
情感态度	团队合作能力	积极参加小组活动，团队合作意识强，组织协调能力强	10
		能够参与小组课堂活动，具有团队合作意识	6
		在教师和同学的帮助下能够参与小组活动，主动性差	0
	组织纪律性	严格遵守课堂纪律，无迟到早退，不打闹，学习态度端正	10
		遵守课堂纪律，有迟到早退现象，有时做与课程无关事宜，学习态度较好	6
		不遵守课堂纪律，迟到早退，做与上课无关事宜，并不听老师劝阻，态度差	0
	职业意识性	有较强的安全意识、爱护组织的意识、无菌意识	10
		安全意识较差，爱护组织的意识不强，无菌意识弱	6
		安全意识差，爱护组织的意识差，没有无菌意识	0

任务四　母猫绝育手术

对母犬母猫的绝育手术一般采取卵巢子宫切除术。雌性动物绝育最常见的原因是阻止动物发情和繁衍后代。其他原因包括防止生殖系统肿瘤或先天性异常。

【任务描述】

某客户带一母猫来医院做绝育手术，医生根据动物情况，需要助理准备呼吸麻醉进行手术，要求助理按操作规程，辅助医生完成母猫的绝育手术工作。

【任务目标】

1. 掌握母猫绝育手术的方法及操作流程。

2. 掌握气管插管及呼吸麻醉机的使用方法。

3. 通过母猫绝育手术任务，学会呼吸麻醉技能，学会辅助医生进行腹腔软组织手术的技能。

4. 培养学生无菌意识、爱护组织的意识，以及团结合作、严谨细致等精神。

【任务流程】

术前用药—诱导麻醉与气管插管—呼吸麻醉机的使用—手术部位的准备—麻醉监测—手术过程—麻醉恢复期的护理

环节一　术前用药

【知识学习】

为了确保麻醉安全，保证手术效果，而在麻醉动物前一定时间内，应用一种或一种以上的相关药物，称为麻醉前给药，麻醉前给药的目的在于：①使动物镇定，减少焦虑恐惧，安定情绪，易于保定，松弛肌肉，提高麻醉安全性。②避免动物应激，减少有害反射，如减少麻醉过程中呼吸道分泌物的分泌及降低支气管痉挛的发生率，维持呼吸道通畅；减少逆呕的发生，防止误咽。③缓解疼痛，增强麻醉效果，减少麻醉药的用量。④防止外科感染的发生等。

【技能训练】

一、所需用品

硫酸阿托品注射液、一次性注射器、酒精棉球。

二、内容及步骤

1. 根据动物体重和状态，选择所需药品，确定用量和注射时间，配制药品并标示。下面介绍 2 种常用的麻醉前用药的药品及用药剂量。

类型	药品计量
抗胆碱能药物	阿托品：犬和猫 0.02～0.04mg/kg，IV、SQ、IM
镇定剂	地西泮：犬和猫 0.2mg/kg，IV、SQ、IM

2. 填写用药记录。
3. 保定猫咪，保定确实并暴露注射部位。
4. 查对药品和动物。
5. 按药品的使用方法注射药物。

环节二　诱导麻醉和气管插管

【知识学习】

为了建立人工气道，保障吸入性麻醉通路，保障麻醉安全及麻醉效果，需对动物提前进行诱导麻醉和气管插管。犬猫可通过间断的或者连续的静脉注射维持短期麻醉，大多数情况下，静脉给药产生的快速诱导麻醉可恰当地控制气道和插管，通过平稳转至吸入麻醉进行维持。恰当的放置气管插管可确保有效的给予气体麻醉剂、氧气，并预防呼吸道分泌物、唾液、胃内容物逆流的吸入，确保麻醉效果，保障麻醉安全。

【技能训练】

一、所需用品

诱导麻醉剂(舒泰，丙泊酚注射液，注射用硫喷妥钠、依托咪酯注射液，氯胺酮)、一次性注射器，酒精棉球、气管插管、开口器及保定绳、喉镜、舌钳及纱布敷料、无菌润滑液或利多卡因凝胶、胶布、氧气、呼吸麻醉机、生命体征监测仪。

二、内容及步骤

1. 根据动物体重和状态，选择所需药品，确定用量和注射时间，配制药品并标示。

2. 填写用药记录。

3. 保定动物，放置静脉注射留置针。

4. 查对药品和动物。

5. 静脉推注诱导麻醉剂：静脉给药时，注射速度应缓慢，或者将一部分药物快速注入，使其迅速度过兴奋期，剩下的药物缓慢注入。

6. 检查所用器具

(1) 挑选所需器具分别放置于手术台上。

(2) 检查所需器械是否完整，卡齿是否能够正常卡合。

(3) 检查所需机械是否正确连接，电源是否打开，是否能够正常工作。

(4) 挑选适合动物的气管插管，检查气囊气密性并对气囊进行泄气。

(5) 挑选适合动物的喉镜，检查是否连接正确，照明光源是否明亮。

7. 保定人员使动物处于俯卧位或侧卧位，使用开口器及保定绳打开动物口腔，伸展其头部及颈部，用舌钳或纱布敷料向下拉出舌头，暴露喉部。

8. 插管人员根据需要将适量水溶性润滑液或 2% 盐酸利多卡因凝胶涂抹于气管插管管壁。

9. 插管人员确认喉头位置，用喉镜轻压会厌腹侧，可见声门。插管人员手持气管导管沿喉镜压片方向耐心等待至动物呼气、声门打开时，迅速将气管内插管经声门插入气管内。插管深度应高于第一支气管的分支，如有必要应在动物 X 光片上做出标记，双侧肺听诊可以确定插管有无插入到支气管中。

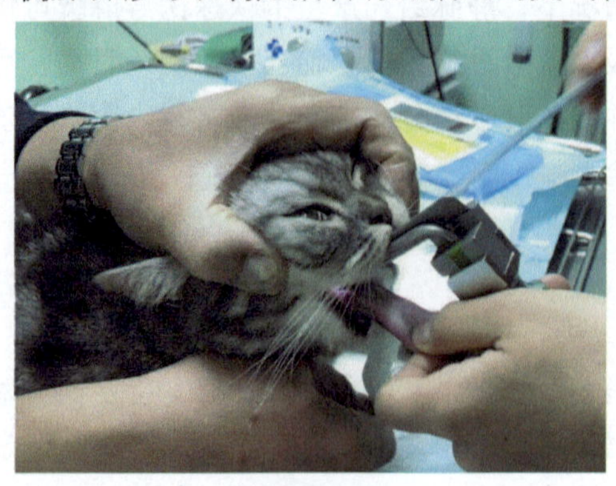

气管插管

10. 用纱布条或保定绳固定气管插管，打结于动物上颌骨或下颌骨处，并用一次性注射器向套囊内缓慢注气至套囊充起，建立密闭的人工气道。为了减少对气管黏膜的损伤，气囊充气后不能再移动气管插管。

11. 将动物旋转至仰卧位保定，迅速连接呼吸麻醉机及监护仪。

三、注意事项

1. 配制药品时，应注意药液浓度要适中，不可过高，以免麻醉过急；不可过低，以减少注入溶液体积。

2. 推注诱导麻醉时，如果没有把握，最好不要给予全量，麻醉稍浅可追加药量，否则注射过速，用药过量，容易导致动物死亡，注射时应观察动物的肌肉紧张性、角膜反射和对皮肤夹捏的反应，当这些活动明显减弱或消失时，应立即停止注射。

环节三　呼吸麻醉

【知识学习】

麻醉机能够将特定的液体形式的麻醉剂转化为挥发性气体，并提供精确、可调节的混合麻醉气体和氧气。通过呼吸系统将混合气体输送到动物体内，使动物产生全身性麻醉的效果，同时移除二氧化碳和废气。吸入性麻醉剂可作用于动物大脑及脊髓，产生全身性麻醉的效果，基本适用于所有动物，能够提供最佳的麻醉效果，使动物快速的进入麻醉手术期及快速的从麻醉中恢复，以及最小的眩晕效果，具有较高的可控性、安全性及有效性。

【技能训练】

一、所需用品

呼吸麻醉机、氧气、异氟烷。

二、内容及步骤

1. 呼吸麻醉机参数的调节：大部分的麻醉呼吸机配有参数调节控件，操作人员可以对几乎所有的呼吸参数进行调整，参数范围如下所述。

呼吸频率：8～12 次/min

潮气量：每千克体重 10～20mL

吸气压：15～20cmH20 柱压

吸气时间：1～1.5s

吸气时间与呼气时间比：1:2 或更低(如 1:3 ，1:4……)

2. 连接气管插管：将气管插管连接到麻醉机的循环通路，开启呼吸麻醉机，调节氧气(1.0～5.0 L/min)，进行吸入麻醉。

3. 调节麻醉深度：吸入麻醉开始时，麻醉剂可以 5% 浓度作快速吸入，3～5 min 后以 1.5%～2.0% 浓度作维持麻醉。吸入麻醉期间，根据需要随时调整吸入麻醉浓度，维持所需麻醉深度。

三、注意事项

1. 麻醉前应对呼吸麻醉机的氧气供应、氧气流量表、挥发罐、废气回收系统以及麻醉剂压力和麻醉剂回路等进行检查，以确保呼吸麻醉能正常使用。

2. 手术完成后，需要对呼吸麻醉机进行清洁消毒及日常管理。

①呼吸软管及储气袋每次用完后都要清洗和消毒。

②每天用清洁剂清洁呼吸麻醉剂表面。

③及时更换石灰罐内干燥剂。

④每日检查呼吸麻醉机的功能。

环节四　手术部位的准备

动物仰卧保定在手术台上，腹部以脐后 1/3 处为中心，进行备皮，备皮范围应尽量大，严格无菌操作。

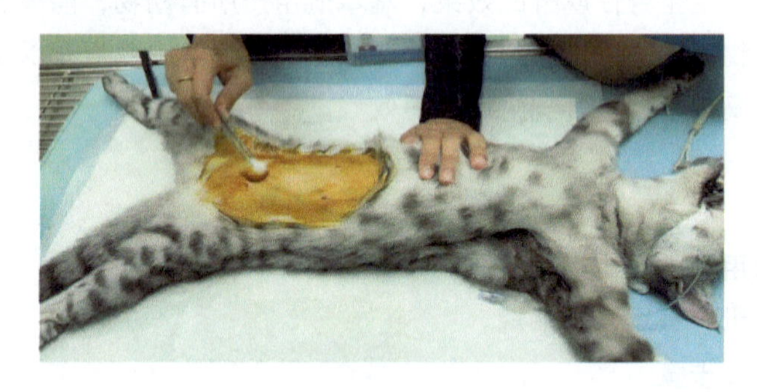

术部消毒

环节五　麻醉监测(见公犬去势任务)

手术过程中，对手术动物进行麻醉检测。

环节六　手术过程

【知识学习】

雌性生殖系统包括卵巢、输卵管、子宫、阴道、阴门和乳腺。

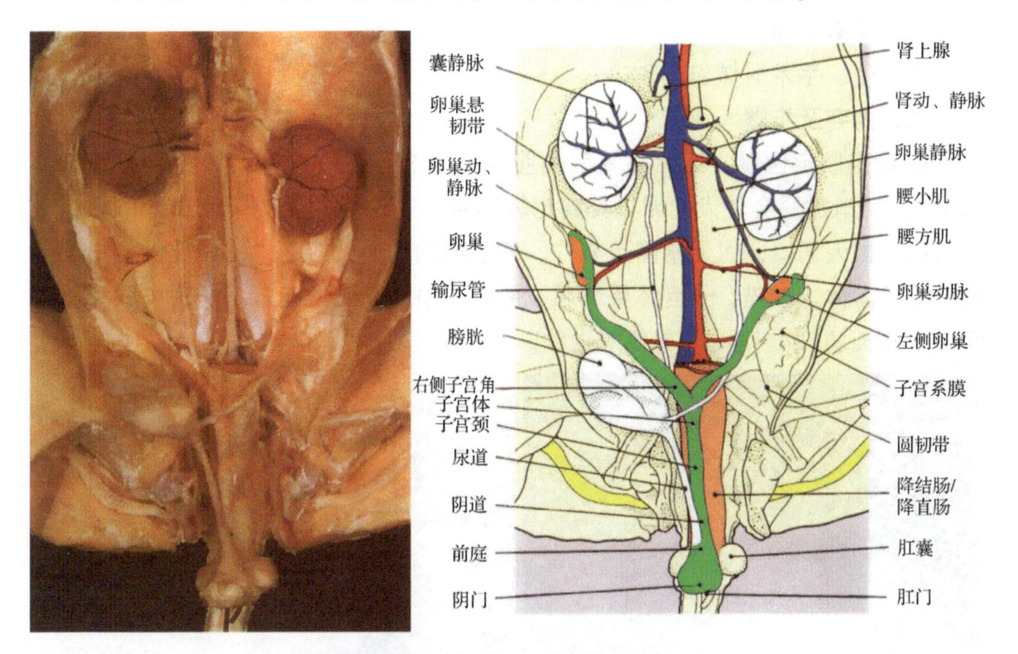

母猫腹腔(生殖系统)标本及示意图

右侧卵巢位于十二指肠降支的背侧，左侧卵巢位于降结肠的背部和脾的外侧。向内侧牵引十二指肠系膜和结肠系膜，可暴露两侧的卵巢。每个卵巢通过卵巢固有韧带与子宫角相连，并经悬韧带连于腹横筋膜内侧，止于最后一二肋骨。卵巢蒂(卵巢系膜)内包括悬韧带及其动、静脉，卵巢动、静脉及一些脂肪、结缔组织、猫的卵巢蒂含脂肪较少，与犬相比，更容易辨认到脉管系统。卵巢动脉来自主动脉。左卵巢静脉汇入左肾静脉，右卵巢静脉进入后腔静脉。悬韧带粗糙，带白色的组织束，从卵巢穿出后分叉，与最后 2 根肋骨相连。阔韧带(子宫系膜)是腹膜褶，起悬吊子宫的作用。从卵巢开始经过腹股沟管、圆韧带，在阔韧带的游离缘穿过。子宫体短，而子宫角狭长。子宫动脉和静脉供给子宫血液。子宫颈是子宫后部收缩的部分，且子宫壁比子宫体和阴道的壁要厚。子宫颈的起始位置，在与子宫口背部垂直的位置。

雌性动物的绝育不仅可以阻止动物发情和繁殖，还能预防和治疗子宫蓄脓、子宫内膜炎、卵巢囊肿、肿瘤(如卵巢、子宫或阴道的肿瘤)、脓肿、损伤、子宫扭转、子宫脱垂、复旧不全、阴道脱垂、阴道肥大及控制一些内分泌失调(如糖尿病、癫痫)和皮肤病(如全身性螨病)。同时也是为了阻止或改变其行为的异常。

【技能训练】

一、所需用品

手术台、手术器械包、创巾。

二、内容及步骤

1. 确定脐部位置，然后将其后的腹部分为3份。在犬，切口为脐后腹部的前1/3。切口靠后会使犬的卵巢暴露比较困难。在深胸的犬或子宫膨大的犬，应向前或后扩大切口，以便暴露更充分。青春期的幼犬，应在中1/3处做切口，以便结扎子宫体。在猫，子宫体更靠后，所以在中1/3处做切口。切开皮肤和皮下组织，延长切口4~8cm，暴露腹白线。

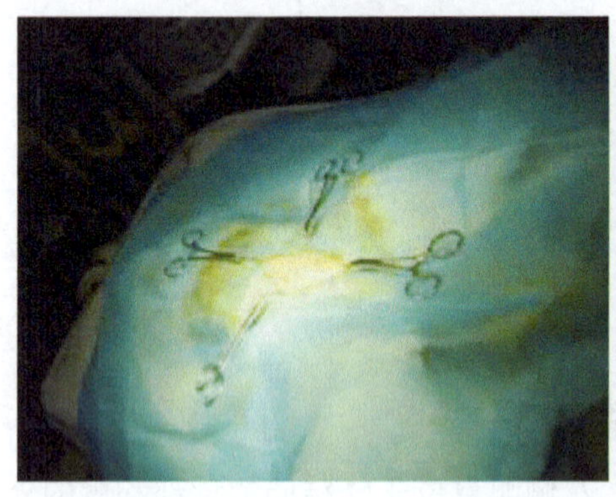

铺创巾

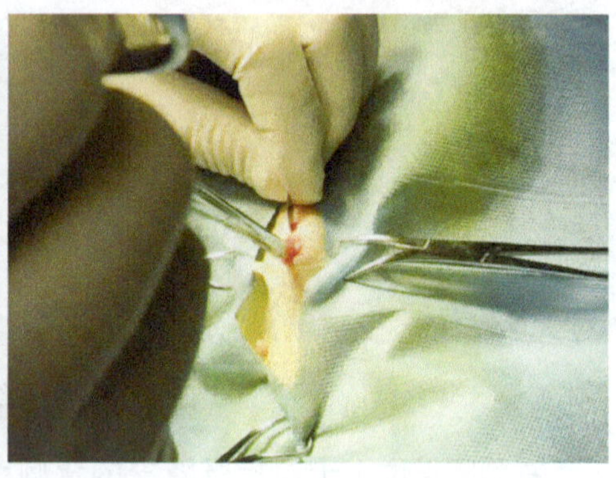

切开腹壁

2. 夹住腹白线或腹直肌鞘，向外提起，然后剪一小口进入腹腔。用圆剪向前后扩大腹白线的穿刺切口。用拇指夹住腹白线或腹外直肌鞘，提起左侧腹壁。

3. 手指探入腹腔，沿腹壁向后延伸至距离肾脏2~3cm处，手指钩住子宫角、阔韧带或圆韧带，然后轻轻拉出腹腔。

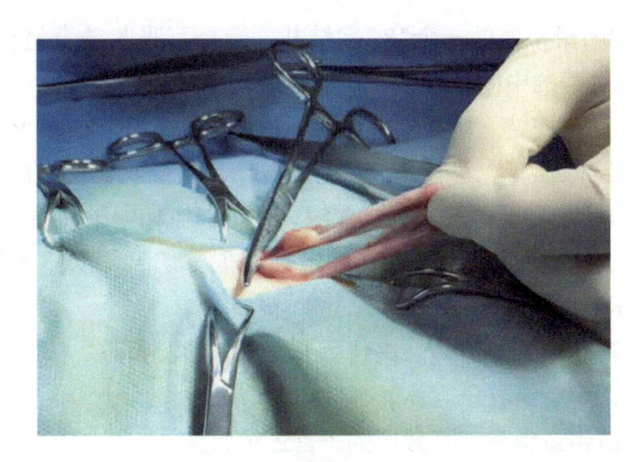

子宫角

4. 通过卵巢或子宫分叉来确认子宫角。如果不能找到子宫角，则需手指向后探查，在结肠和膀胱间寻找子宫体和子宫角。勾住子宫角后部和中部，在卵巢蒂近端的纤维束处，找到悬韧带。在靠近肾脏的地方牵拉或切断悬韧带，注意不要破坏卵巢组织，并把卵巢移至腹腔外。为了达到这一目的，在保持向中后侧牵引子宫角的同时，用食指向后外侧牵引悬韧带。

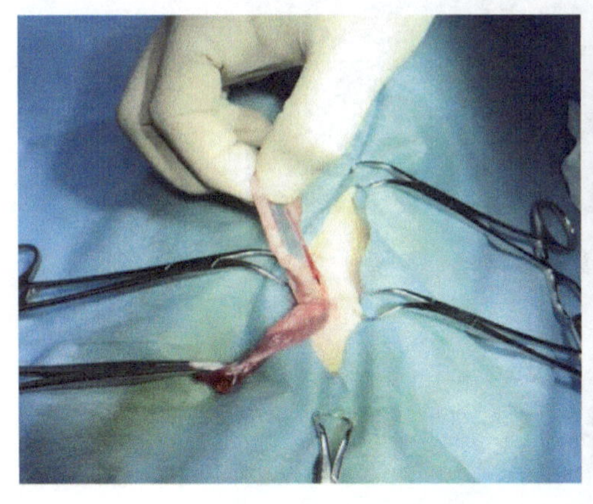

牵引出子宫

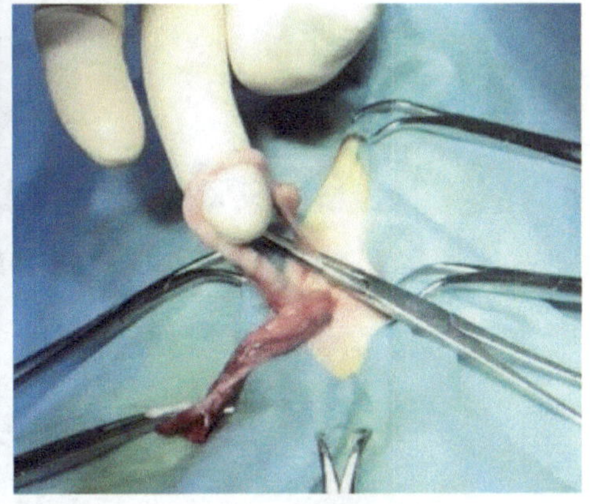

钳夹卵巢悬韧带

5. 在阔韧带上划一小口，向后穿入卵巢蒂。用一把或两把止血钳夹住与卵巢相连的卵巢蒂近端(深)，另一把夹住卵巢固有韧带。

6. 夹钳的近端(深部)提供一个用于结扎的沟，中部夹住需要结扎的蒂部，远端防止切断后的血液倒流。当用两把钳时，一把夹住卵巢蒂，另一把在韧带上做一个凹槽。

7. 在夹住的卵巢蒂处做一个“8”字结扎。选择可吸收缝合材料作为结扎线。先将针的钝头穿过蒂的中间，绕过一侧，然后沿针穿入的孔穿出，结扎线的环绕过蒂的另一半，安全打结。拉紧结扎线时，撤掉一个止血钳，使蒂压迫更紧。当针穿过蒂时可能穿破血管，第一个结后再做一个环绕结扎，作止血用。

8. 在卵巢悬韧带附近再放一把止血钳。在止血钳和卵巢间横切断卵巢蒂。

9. 打开卵巢囊，检查其完整性，确定是否需要切除。从卵巢蒂上移开止血钳，观察出血情况。

10. 牵引子宫角离开子宫体。夹住另一侧子宫角及卵巢。按上述钳夹打结。

11. 牵引子宫角，结扎子宫体。

12. 撤出止血钳或镊子，把残留的子宫还纳腹腔。

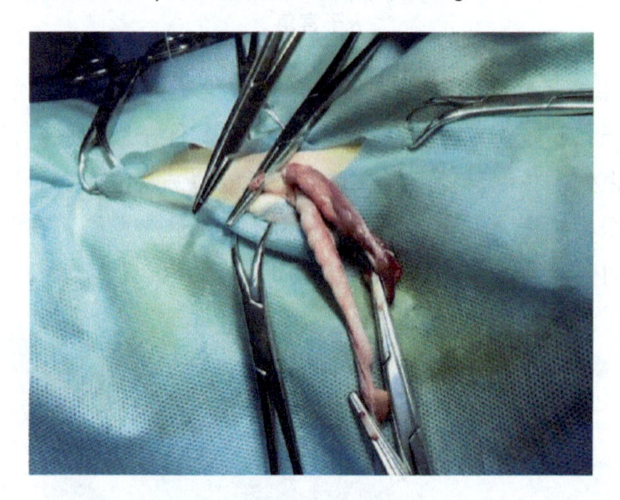

剪断卵巢悬韧带

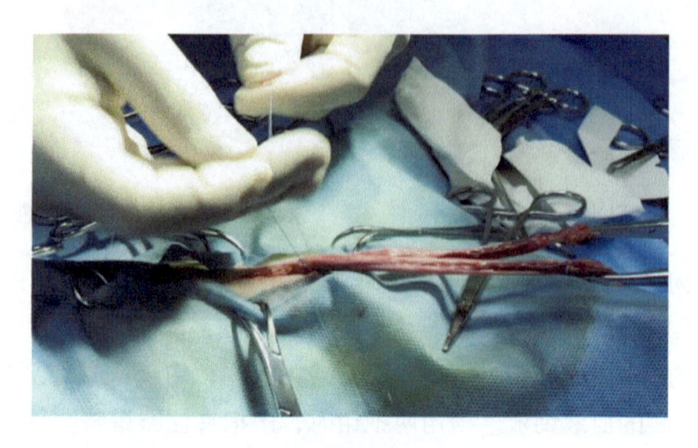

结扎子宫体

13. 依次缝合腹膜及皮下组织。

14. 结节缝合皮肤，关闭腹腔。

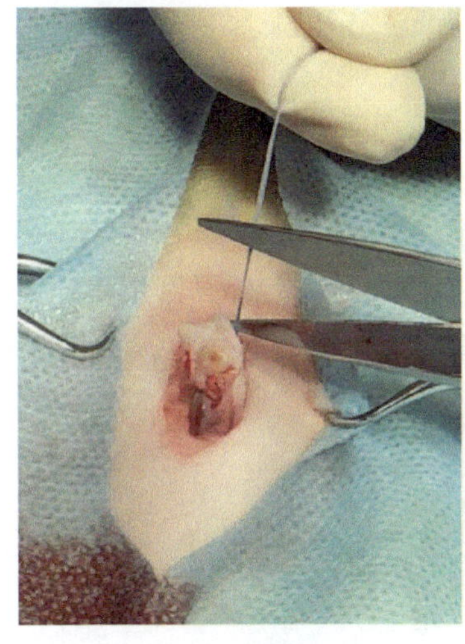

残留子宫还纳回腹腔

连续缝合腹膜

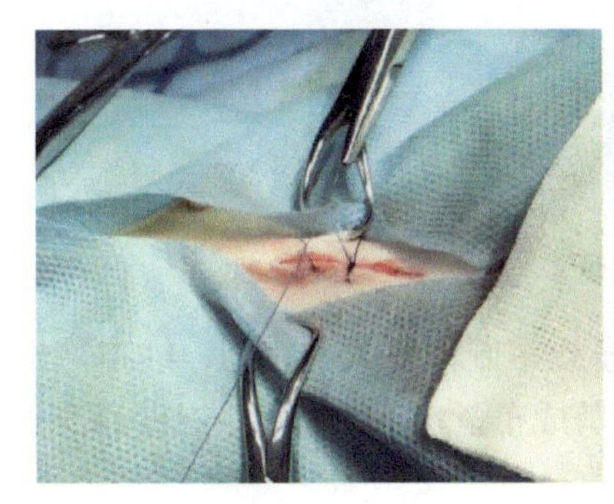

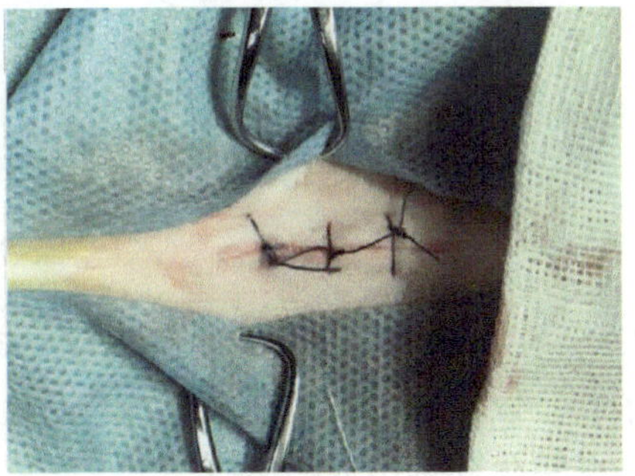

结节缝合皮肤

环节七　麻醉恢复期的护理

【知识学习】

拔除气管内插管：在手术和麻醉结束、动物恢复自主呼吸和脱离麻醉机呼吸后，将气管内插管套囊中的气体排出。当麻醉动物逐渐苏醒、出现吞咽反射时，即可平稳而快速拔出插管。拔管操作要掌握好时间，如麻醉动物的吞咽和咀嚼反射尚未恢复，拔管后有可能发生误咽或误吸；如动物已清醒且肌张力恢复后再行拔管，容易诱发动物反抗，并损害气管内插管。

【技能训练】

一、所需用品

纱布、碘伏棉球、手术镊子、手术针线、一次性创巾、剪刀。

二、内容及步骤

1. 关闭腹腔后，用镊子夹碘伏棉球在伤口表面从内到外画圆消毒。

2. 用纱布覆盖住伤口表面，纱布四角缝在动物腹壁皮肤上，或用胶布将纱布贴于动物术部，可用碘伏润湿纱布。

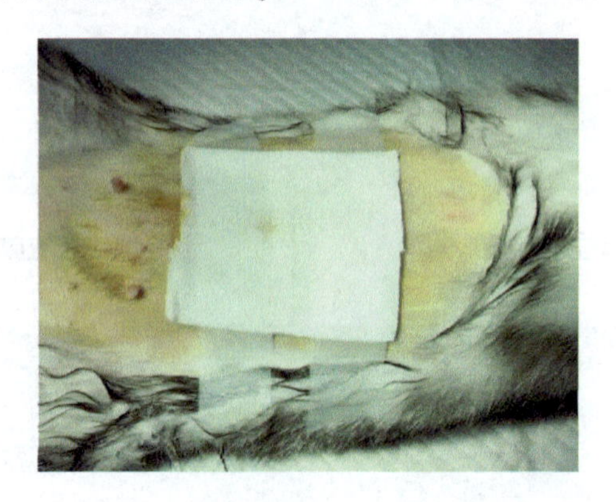

盖纱布

3. 用手术中使用过的干净创巾或干净纱布制作手术衣，即，纱布剪出动物四肢的孔，以供动物四肢穿出，左右两边剪成布条状，使其能系在动物身上，需在下腹剪出供动物小便的豁口。

纱布制作手术衣

4. 其他术后护理与前任务相同。

【思考与讨论】

1. 母猫绝育手术应该如何进行备皮?
2. 麻醉前给药有何意义?
3. 简述呼吸麻醉的方法?
4. 简述母猫绝育手术方法?
5. 在手术中需要注意哪些问题?

【考核评分】

一、技能考核评分表

序号	考核项目	测评人			综合成绩
		自我评价(15%)	小组互评(25%)	教师评价(60%)	
1	气管插管与呼吸麻醉				
2	手术操作流程与方法				
总成绩					

二、情感态度考核评分表

序号	考核项目	测评人			综合成绩
		自我评价(15%)	小组互评(25%)	教师评价(60%)	
1	团队合作能力				
2	组织纪律性				
3	职业意识性				
总成绩					

三、考核内容及评分标准

考核内容	考核项目	评分标准	
理论技能知识	气管插管与呼吸麻醉	能正确插入气管插管，能根据动物生理状态对动物进行呼吸麻醉	20
		插器官插管动作不标准，能使用呼吸麻醉机对动物进行麻醉	12
		不能正确插入气管插管，不能根据动物生理状态对动物进行呼吸麻醉	0
	手术操作流程与方法	能按手术流程进行手术操作，能准确识别并持握器械完成操作，能及时止血，能正确协助医生完成手术	50
		能按手术流程进行手术操作，能比较准确识别并持握器械完成操作，能在医生的提示下协助医生完成手术	30
		不能按手术流程进行手术操作，无法正确识别并持握器械完成操作，不能做到及时止血，无法正确协助医生完成手术	0
情感态度	团队合作能力	积极参加小组活动，团队合作意识强，组织协调能力强	10
		能够参与小组课堂活动，具有团队合作意识	6
		在教师和同学的帮助下能够参与小组活动，主动性差	0
	组织纪律性	严格遵守课堂纪律，无迟到早退，不打闹，学习态度端正	10
		遵守课堂纪律，有迟到早退现象，有时做与课程无关事宜，学习态度较好	6
		不遵守课堂纪律，迟到早退，做与上课无关事宜，并不听老师劝阻，态度差	0
	职业意识性	有较强的安全意识、爱护组织的意识、无菌意识	10
		安全意识较差，爱护组织的意识不强，无菌意识弱	6
		安全意识差，爱护组织的意识差，没有无菌意识	0

参考文献

李志，2008. 宠物疾病诊治[M]. 北京：中国农业出版社.

刘安棋，2014. 图解宠物护理学：通向临床的基础知识[M]. 北京：中国农业科学技术出版社.

石冬梅，蔡友忠，2016. 宠物临床诊疗技术[M]. 北京：化学工业出版社.

Susan M . Taylor，2012. 小动物临床技术标准图解[M]. 袁占奎，何丹，夏兆飞，等译. 北京：中国农业出版社.

董军，潘庆山，2012. 小动物外科手术图谱[M]. 北京：化学工业出版社.

Stanley H. Done，Peter C.，et al. 2007. 犬猫解剖学彩色图谱[M]. 林德贵，陈耀星，等译. 沈阳：辽宁科学技术出版社.

Karen M. Tobias，2014. 小动物软组织手术[M]. 袁占奎，译. 北京：中国农业出版社.

石田卓夫，2014. 动物医院基本临床技术[M]. 任晓明，译. 北京：中国农业科学技术出版社.

Paula Pattengale，2010. 动物医院工作流程手册[M]. 夏兆飞，译. 北京：中国农业出版社.

Charles M. Hendris，Margi Sirois，2010. 兽医临床实验室检验手册[M]. 夏兆飞，译. 北京：中国农业大学出版社.

Swaim S F，Renberg W C，Shike K M，et al，2011. Small animal bandaging，casting，and splinting technique[M]. Wiley-Blackwell.